国家出版基金项目
NATIONAL PUBLICATION FOUNDATION

绿色发展及生态环境丛书

绿色化价值取向之绿色教育

Lüsehua Jiazhi Quxiang Zhi
Lüse Jiaoyu

肖贵蓉 著

大连理工大学出版社
Dalian University of Technology Press

图书在版编目(CIP)数据

绿色化价值取向之绿色教育 / 肖贵蓉著. — 大连：
大连理工大学出版社，2021.12
(绿色发展及生态环境丛书)
ISBN 978-7-5685-3189-4

Ⅰ.①绿… Ⅱ.①肖… Ⅲ.①环境教育 Ⅳ.①X-4

中国版本图书馆 CIP 数据核字(2021)第 203271 号

大连理工大学出版社出版
地址:大连市软件园路 80 号　　邮政编码:116023
发行:0411-84708842　　邮购:0411-84708943　　传真:0411-84701466
E-mail:dutp@dutp.cn　　URL:http://dutp.dlut.edu.cn
大连金华光彩色印刷有限公司印刷　　大连理工大学出版社发行

幅面尺寸:168mm×235mm　　印张:16.75　　字数:258 千字
2021 年 12 月第 1 版　　2021 年 12 月第 1 次印刷

责任编辑:邵　婉　张　娜　　　　责任校对:齐　悦
封面设计:冀贵收

ISBN 978-7-5685-3189-4　　　　　　定　价:88.00 元

《绿色发展及生态环境丛书》
编委会

前　言

　　当今社会处于一个变革的时代,经济和社会都在急剧转型,各种教育改革也纷至沓来。这一现实情况冲击着传统思维主导的教育方式,促使人们开始重新思考与发掘教育内在的意义,绿色教育应运而生。本书在对绿色教育的提出背景与概念内涵进行剖析的基础上,着重探讨了多方社会力量在绿色教育中的具体作用和实践路径,以期为绿色教育的未来发展奠定基础。

　　第1章,走进绿色教育。首先分析了绿色教育提出的背景,认为绿色教育是对工业式教育弊端的一种突破,是解决环境发展问题的一种有效方法,是对国家方针政策的一种积极响应。之后,详细阐述了绿色教育的发展历程以及国内外研究现状。

　　第2章,解读绿色教育。通过对绿色教育的理论基础进行分析,本章归纳、提炼出具有代表性和共性的思想和观点,并结合绿色教育的内涵及特点、主要内容和思维方式等,构建了绿色教育体系框架,为后续内容的展开提供了相应的逻辑理路。

　　第3章,绿色教育与学校教育建设。本章主要从学校绿色教育的发展与实践、学校绿色教育的内容和机制建设三个方面介绍了学校维度的绿色教育。通过分析国内外绿色教育的发展情况,从运行机制、保障机制和评价机制三个角度对高等学校的绿色教育建设机制进行了尝试性建构。

第 4 章,绿色教育与相关规制。本章介绍了绿色教育的政府、社会、学校和媒体的多元规制,针对政府在相关规制中的主导地位,建议政府做好绿色教育发展中的立法者、改革者、建设者、引导者和监督者。

第 5 章,绿色教育与企业行动。通过对绿色化视角下企业绿色教育相关内容的细化,本章探讨了企业绿色教育的内容和实践,其中主要包括企业绿色文化、绿色经营、绿色生产、绿色财务、绿色营销五个维度。

第 6 章,绿色教育与个体实践。这部分梳理了与绿色教育个体实践息息相关的绿色伦理和绿色消费。绿色教育深入人心时,会在人们内心深处形成绿色伦理。通过绿色伦理的积极作用,绿色教育的实践行动导向将引领绿色消费。

第 7 章,绿色教育的未来。本章重点关注绿色教育的幸福、民主和共享等价值取向,及其在理念、行为、人才和制度方面的实践趋势。

本书的编写包含着许多人的共同努力,具体分工如下:第 1 章到第 2 章,郭云婷;第 3 章到第 4 章,郑莉;第 5 章到第 7 章,马颖。在编写过程中,还有付金朋、张立新、王梦圆、李佳微等人协助完成了很多前期资料收集工作,他们为本书的编写付出了辛苦的工作,在此一并致谢。

本书为国家社会科学基金项目"绿色伦理及其对旅游目的地管理的影响研究"(18BGL153)成果。在本书编写过程中,我们借鉴了大量的国内外现有研究成果,特此致谢。本书的出版,也得到了大连理工大学出版社的鼎力支持,在此表示真诚的感谢。

本书虽然数易其稿,但囿于编者水平、学识的限制,疏漏之处仍在所难免。我们诚恳地希望广大读者批评指正。

作者
2021 年 8 月

目　录

1

第 1 章　走进绿色教育

1.1　绿色教育的背景

马克思历史唯物主义认为,经济基础决定上层建筑。倘若我们把教育视为一种上层建筑,那么它必然要受到人类社会发展中经济基础的制约。另一方面,教育思想总是具有一定的超前性,以体现对当下教育实践的方向性引领与理论性批判。基于这样的思考,可以说,任何一种好的教育思想与理念的提出,都必须立足于当时社会发展的生产力基础之上,同时又必须适当超前于当代社会的教育发展现状,从而使其教育理念具有必要性与合理性,避免昙花一现。因此,绿色教育的提出绝非空穴来风,而是根植于我国本土文化背景下对教育的独特理解,有着深刻的时代感召和影响力,同时也并非一蹴而就,是在漫长的摸索中才应运而生。

1.1.1　传统教育的弊端

生产力发展水平决定了人类社会的历史发展阶段。以社会的产业技术水平为依据,教育可分为农业社会的教育、工业社会的教育、信息社会的教育三个阶段,从整体上来说,三种教育形态的依次递进体现了人类社会的发展与文明的进步。

在古代农业社会中,由于当时社会生产力发展水平低下,人类物质生活处于简陋状态,人类对自然的认识还很贫乏。这个时期的教育特点主要是保存并学习前人积累的生活经验和习俗,体现了人类对自身的认知,展现了维持人类社会生存和稳定社会发展秩序的强烈愿望和期待。农业式教育把教育看作一种类似于农业生产的过程。在这个过程中,学生是幼苗、教师是园丁,而学校则是一块幼苗成长的田地。正如园丁要根据幼苗的生长阶段和成长需要而施以一定的影响,教育就是教师根据学生的发展需要、已有发展水平而施加一定的条件,以促进其成长。农业式教育对教育本质的理解在于:把教育视为一种内在生成的过程,其出发点在于,所有生命体成长的本质都是内在生成的,而非通过外在塑造的手段而得到生长和成熟。人的成长亦是如此。所以,教育必然是一种崇尚自然的、内发式的、应当顺应天性的过程。正如《中庸》开篇所讲:"天命之谓性,率性之谓道,修道之谓教。"教育就是修道,就是顺应自然的人性。人性是自然的,同时也是复杂的,人与人生来有着太多的不同:家庭背景、性格特征、能力水平、发展方向……这些决定了教育必然是一项复杂的工作。因此,成功的教育一定是根据每个人独特的个性特征进行的个性化教育。但是,农业式教育也存在一定的不足之处。在农业社会,教育是为统治者服务的,教育主要传递的是社会统治阶层关于"价值——规范"的文化内容。这一时期的教育主要呈现方式为只能由少数人所掌握的文化以一种不容置疑的真理或权威的面目展现。因此,这个时期的教学模式和学习方式为单向传递式,即教师讲、学生记。学习者只能通过大量诵读、记忆、模仿、操练的方式,习得和掌握知识。在这里,受教育者的被动性体现和适应了当时社会占主导地位的价值观和教育观。在这种以灌输式教育为主的教育方式中,教师是智者,是知识传授的权威,他们需要承担传道、授业、解惑的责任。这种教育方式属于接受式教育,教师处于教学活动的中心地位,是知识的灌输者和传授者。

近代工业革命后,随着科学技术飞速发展,生产力不断提高。随着人们认识、利用自然能力的不断增强,学科数量大幅度增加,社会分工日益细化。随之而来的科学发现和发明进一步激发了人们征服和改造自然的欲望和勇气。工业化进程日新月异,对大量掌握丰富科学文化知识的精英人才的需求不断增加,这无疑成为时代和社会赋予教育的新使命。同时,由于经济基础决定上层建筑,所以上层建筑和意识形态领域会随着经济基础的变动发生变化。由一些启蒙思想家掀起的科学和民主的思想运动冲击了传统封建统治者的思想牢笼,也影响了整个教育领域。伴随着社会工业化的进程,工业式教育方式与大工业的生产方式逐渐取得一致。17 世纪著名教育家夸美纽斯的思想突出了工业时代的典型特征,主张"把一切知识教给一切人"。他提出了非常明确的教育思想,展现了教育简单化的特征,认为教育可能并且必须实现秩序化的运作。这种规模化、群体化的教育模式不仅反映了教育效率原则,而且在具体实践上也确实促使教育高效率的实现。此时的教育,无论是价值追求还是教育的现实运作,都表现出程式化和刻板化的特征,在过程中要强调规范操作,最终要达到效率和效益的统一。

在向工业社会的转变过程中,我国教育也发生了种种异化,其中工业思维的影响尤为深远。工业思维是一种同质化、加工论、操作化的思维模式,这种思维方式导致的异化渗透到了我国教育的方方面面。

1.1.2　环境问题的尖锐

19 世纪末 20 世纪初以来,随着生产力的不断提升和科学技术的迅猛发展,社会经济快速发展,人类获得了巨大的物质财富,生活水平持续提高。但是人类大量焚烧化石燃料,过度开发和利用各种资源,带来了诸多环境问题。气候状况的恶化给人类生产生活带来了诸多灾难,例如全球气候变暖、北冰洋浮冰融化、地震、滑坡、泥石流等。欧盟委员会的相关研究表明,不管是空气污染、土壤污染还是大气污染,都有进一步恶化的可能性。目前,由于生态环境变化带来的不利影响,已经成为影响人类社会经济实现可持续发展的重要问题之一。

全球出现气候变化问题是有目共睹的,已成为新时代人类社会发展面临的最大威胁之一。自 20 世纪 80 年代以来,各个国家都渐渐开始将关注点落在全球气候治理问题上。世界各国就密切关注全球气候变化状况、积极参与全球气候治理活动达成最大共识。1992 年,在巴西里约热内卢,有许多国家签署了《联合国气候变化框架公约》,其主要目标是解决日益严重的全球气候变暖问题。它也是国际合作处理全球环境问题的第一个基本框架。为有效应对全球气候变化带来的问题,20 多年来世界各国就这一问题已经开展了多次会谈。2015 年 12 月 12 日,《联合国气候变化框架公约》中 195 个缔约方的代表在法国巴黎达成历史性协议《巴黎协定》,协议中提出将全球平均气温上升幅度限定在 2℃作为具体控制目标。《巴黎协定》的缔结传递了世界将实现低碳发展、绿色发展、适应气候变化和实现可持续发展的强烈信号。2014 年 11 月,中美两国元首就气候变化问题发表了联合声明。2015 年 9 月 25 日,两国元首就全球气候变化问题再次发表联合声明,强调了积极共同推进全球气候治理的重要性以及强烈愿望。通过国际社会共同努力,促进绿色、低碳和可持续发展,对实现可持续发展具有重要的影响。在特朗普就任美国总统之后,他促使美国退出了《巴黎协定》。2019 年,在日本 G20 大阪峰会上,除美国外,其他 19 个 G20 国家再次确认《巴黎协定》将在各自国家和地区得以全面开展。

除了由于温室气体的大量排放导致的气候问题外,随着工业化进程的不断加快,资源枯竭也成为影响人类发展的重要问题,特别是在世界工业化过程中,大规模开采煤炭等不可再生资源,导致自然资源不断消耗,生态环境日益恶化。从全球范围来看,不管是早期的工业化国家,还是第二次世界大战后的发展中国家,矿产资源丰富的国家或地区大都受到资源枯竭、生态环境破坏和区域发展速度变缓的影响。20 世纪初,矿业开发中的生态环境污染以及资源浪费问题不断涌现。20 世纪五六十年代,在资源枯竭、资源替代的背景下,发达国家一些老工业基地逐渐衰落,相继成为"问题地区"。在 20 世纪 70 年代,世界爆发了能源危机,多种不可再生能源,包括金属矿产资源、非金属矿产资源、能源矿产资源等都面临枯竭问题。按照国际通行的矿产资源枯竭年限评价方法估计(按 2016 年探明储量和开采率计算),世界石油化工能源可采年限为:石油可开采50 年,天然气可开采 80 年,煤炭可开采 220 年。根据美国石油协会的预估,到 21 世纪末,石油和天然气将枯竭。如果说工业文明是建立在以化石能源消费的基础上,同时以化石能源带动社会经济发展,那么要推动实现能源革命,就要开发和利用新能源以及可再生能源替代传统的化石能源,实现经济社会发展与资源环境的协调。

随着环境问题的日益严重,绿色发展逐渐成为全球经济增长的新动力。其中,欧盟制定了"欧盟 2020 发展战略",美国联邦政府提出了绿色新政的政策,日本制定了推动可再生能源与节能产品的"绿色发展战略",韩国提出了《国家绿色增长战略(至 2050 年)》。

我国经济社会的快速发展,过度开发自然资源、破坏生态环境的问题十分突出。首先,水资源短缺就是一个严重的问题。据新华网统计,在我国 660 个城市中,总计超过 400 个城市存在不同程度的缺水问题,其中共有 136 个城市存在严重缺水状况。一半城市地下水会受到各种程度的污染,部分城市出现了水危机。我国的缺水高峰预估将出现在 2030 年,届时人均水资源量将达到 1 760 m³。根据联合国有关组织的规定,我国将被列入中度缺水国家。其次,能源矿产资源消耗量巨大,需求与供给矛盾突出。近些年来,随着我国科学技术水平的提高,采矿和勘探技术也得到了飞速的发展,先进技术的应用使得资源得到有效开采,产量逐年增加,资源的自给自足能力不断提高,很多能源矿产资源产量排在世界首位,但这种优势仍不能满足我国对于资源的大量需求。"限电""能源外交"和资源性产品价格上涨等现状都体现了我国面临着矿产资源供应紧张问题。我国是一个矿产资源生产大国,虽然国内资源开发速度飞快,但是目前我国仍需逐年增加矿产资源进口,资源的对外依存度仍然较高。最后,在资源供给紧张甚至不足的情况下,资源利用率比较低,浪费严重,加剧了资源供需失衡。直到 2020 年,我国农业仍采用漫灌方式,70% 以上的农田缺少节水措施或没有使用节水设备。大部分华北平原的灌溉水在运输过程中发生渗漏,灌溉面积不足一半。在农业生产领域,用水有效利用率不足50%。与发达国家相比,我国的水资源利用水平存在巨大差距。在矿产资源方面,开发强度过大,环境问题突出,矿产资源可持续发展能力不足。

人与自然之间的关系相互依存、密不可分,人类造成的生态问题会制约社会经济的发展和人民生活水准的提高,甚至影响人类未来的发展。面对这些问题,人们不得不开始认真思考自身的行为,并努力寻求解决问题的办法。在这一不断探索的过程中,人们渐渐认识到教育是解决当前严峻生态问题的一种有效途径。联合国教科文组织发布的《教育的使命》曾指出,在解决人口剧增、环境破坏、资源浪费及日益短缺等问题时,教育起着至关重要的作用。环境教育越来越受到人们的关注。目前,环境教育不再是仅仅包括生态环境保护与治理,它的范畴也在不断扩大,已经逐渐发展成为指导社会生产生活、人类生存发展的重要理念。人类及其社会的绿色发展需要建立在一个无污染的生存环境基础之上,它不仅包括经济环境、生态环境、社会环境和政治环境,还包括一个能够真正带来可持续发展的绿色教育环境。

1.1.3　国家方针政策支持

1978 年改革开放以来,我国发生了巨大的变化。习近平总书记在党的十九大报告中指出:"我国经济已由高速增长阶段转向高质量发展阶段,正处在转变发展方式、优化经济结构、转换增长动力的攻关期,建设现代化经济体系是跨越关口的迫切要求和我国发展的战略目标。"这是在正确把握国际国内形势变化的基础上,结合我国具体的阶段变化和发展条件做出的重大判断。绿色发展是新时期我国经济社会发展方式转变过程中的关键环节之一。

首先,生态文明建设和绿色发展是人民日益增长的美好生活需要。习近平总书记在党的十九大报告中指出,中国特色社会主义进入新时代,我国社会的主要矛盾已经发生了变化,转变成人民日益增长的美好生活需要和不平衡不充分的发展之间的矛盾。国家需要持续推动经济发展,但同时,也要努力解决发展不平衡、不充分的问题,大力提高发展质量和效益,更好地满足人民群众日益增长的政治、经济、社会、生态和文化需求,促进每个人实现全面发展以及整个社会的全面进步。而良好的生态环境不仅是实现美好生活的基础条件,还是美好生活的更高层面的要求。更好的生活不仅仅是物质上的东西,更重要的是更清洁的水、更新鲜的空气、更安全的食物和更美丽的环境。换言之,更好的生活需要更好的环境,更好的环境让生活更美好。一方面,人们对美好生活日益增长的需求中包含着对更好的生态环境的期待,这是美好生活的必要条件。另一方面,环境问题出现的根本原因是发展的不平衡和不充分,这导致环境保护力度不足、生态环境被大肆破坏,进而使人民的生活环境日趋退化。因此,为了促进新时代社会经济的发展,同时实现新时代公众对于美好生活的追求,也需要我们坚持走绿色发展之路。

其次,中国特色社会主义事业的总体布局中强调了生态文明建设的重要性。在党的十二大报告中,邓小平提出了物质文明与精神文明的"两个文明"建设。"生态"一词首次出现在党代会报告中;党的十六大报告中提出了经济建设、政治建设、文化建设"三位一体";党的十七大最先提出了"生态文明"的这一概念,并且将经济、文化、社会、政治建设"四位一体"的中国特色社会主义事业总体布局写入党的章程;党的十八大报告中正式提出"五位一体"的概念,由此生态问题上升到生态文明的建设。进入新时代,党的十九大对我国社会主义现代化建设做出了全新的战略部署,明确了"五位一体"的总体布局。推进新时代中国特色社会主义事业,要将经济、政治、文化、社会、生态文明这五个维度作为突破的重点,分别制定全面推进的战略目标。十九大报告中对生态文明建设阐述内容较多,其中"生态文明"被提及 12 次、"美丽"被提及 8 次、"绿色"被提及 15 次,且首次提出建设富强、民主、文明、和谐、美丽的社会主义现代化强国的目标。从此,我国开启生态文明建设的新时代。

此外,绿色发展是新发展理念的重要组成部分。在 2015 年 10 月召开的党的十八届五中全会第二次全体会议上,习近平总书记首次提出创新、协调、绿色、开放、共享五大发展理念。作为行动的先导,绿色发展理念成为五大发展理念中的重要组成部分。2017 年 10 月,习近平总书记再次强调,要贯彻新发展理念,建设现代化经济体系。2018 年 3 月,第十三届全国人民代表大会第一次会议通过《中华人民共和国宪法修正案》,新发展理念被写入其中。着重强调我国经济实现可持续发展的新路径,认为实现可持续发展的充分条件是实施绿色发展,强调解决好人与自然和谐共生问题的重要性。作为一个人口众多的国家,我国面临的资源、环境和生态系统存在的各种问题都非常严重。随着人民生活水平的不断提高,公众对生活环境质量的要求越来越高,这也倒逼国家不断加快建设资源节约型和环境友好型的社会,实现人与自然协调发展,为保护全球生态安全贡献自己的力量。《国民经济和社会发展第十四个五年规划和2035年远景目标纲要》也指出国家需要推动绿色发展,促进人与自然和谐共生。

同时,污染防治是全面建成小康社会三大攻坚战的关键环节。2014年4月24日,第十二届全国人民代表大会常务委员会第八次会议修订通过了《中华人民共和国环境保护法》,旨在保护和改善环境,防治污染和其他公害,保障公众健康,推进生态文明建设,促进经济社会可持续发展。2018年十三届全国人大一次会议指出,"今后三年要重点抓好决胜全面建成小康社会的防范化解重大风险、精准脱贫、污染防治三大攻坚战"。2018年,政府工作报告指出,"抓好决胜全面建成小康社会三大攻坚战。要分别提出工作思路和具体举措,排出时间表、路线图、优先序,确保风险隐患得到有效控制,确保脱贫攻坚任务全面完成,确保生态环境质量总体改善"。在党的十九大报告中,习近平总书记针对三大攻坚战提出了最新表述,即"要坚决打好防范化解重大风险、精准脱贫、污染防治的攻坚战,使全面建成小康社会得到人民认可、经得起历史检验"。因此,我国打赢三大攻坚战,是实现中华民族伟大复兴的现实需要,是化解制约全面建成小康社会重点难点问题的必然之举,最终目标是为人民服务。防治污染作为三大攻坚战的关键环节,它不仅仅是我国经济实现可持续发展的重要调剂,更是解决好社会政治问题的重要基础,还是惠及民生的福祉。改革开放以来,我国经济的飞速发展和人民生活质量的改善无可非议,但快速发展背后的环境污染,却在一定程度上制约了全面建成小康社会的目标实现。绿色发展是可持续发展的内在要求,是高质量发展的重要标志。绿水青山就是金山银山,只有努力做好污染防治,才能更好地满足人民日益增长的美好生活的需要。2020 年 9 月 22 日,习近平总书记在第七十五届联合国大会上提出:"中国二氧化碳排放力争于 2030 年前达到峰值,努力争取 2060 年前实现碳中和。"实现"双碳"目标,为更好地落实绿色发展开启了阶段性行动指南。

1.2　绿色教育的发展历程

绿色教育经历了兴起、发展、转型等几个不同的阶段。在每一个阶段中,人们的关注点也有所不同。在某种程度上,不同阶段的绿色教育也可以说大相径庭。最初,绿色教育本质上指的是环境教育;随着其内涵逐渐超越传统意义上的环境教育范畴,该教育理念已经具有了现代性,并被赋予了新的含义。

1.2.1　校外环境教育阶段

作为对环境教育的发展和延伸,绿色教育最主要的内容是环境教育。这是一门依托教育方式来解决生态环境问题的学科,主要研究人与环境的关系。从教学内容上来看,绿色教育与环境教育都蕴含着向受教育者传递生态环境保护以及可持续发展的相关内容。从教育的最终目标上来看,二者都是为了对传统教学方式进行改进。基于此,环境教育和绿色教育具有很大的相似性。但在内涵上,二者却又不完全一致,环境教育被包含在绿色教育中,而绿色教育的内涵又远远高于环境教育所含内容,且其思想贯穿于整个教育教学活动全过程,其主要目的不仅仅是促使人们掌握环境保护的相关知识,而且要培养人们具备"绿色素养",以满足社会发展的需要。所以,绿色教育的实践过程可以借鉴环境教育的实践途径与方式,并在此基础上形成自身特殊的发展方式。

绿色教育始于生态环境保护。鉴于初期的环境教育游离于学校围墙之外,这一时期往往被称为校外环境教育阶段。对于生态环境保护的关注始于 19 世纪末 20 世纪初,主要是各国政府、社会、民间团体中的环境保护主义者通过召开会议,制定生态环境保护的宣言,以环境保护、研究等形式展开。这一时期之所以有这么多的个人和团体关注环境问题,与工业化社会的快速发展所带来的生态环境破坏有着直接的关系。

如前所述,始于 12 世纪的工业化进程在使生产力大大提升的同时,也导致大量的资源消耗和生态环境恶化。尤其是进入 20 世纪以来,人口剧增,生产力空前增长,石油、煤炭等资源被大量开采,使许多资源面临枯竭的危险;对森林大规模砍伐,对草原的大规模垦殖,造成水土大量流失,沙漠化日益严重,环境的污染更为严重。

随着环境恶化向各个国家的波及,且破坏程度的不断升级,人们逐渐意识到,倡导环境保护再也不是一种杞人忧天、未雨绸缪的口号,对环境保护的重视与研究也不仅仅是环保主义者的专利,包括政府官员在内的各界人士也不得不介入进来,以各种形式做出回应。许多国家不仅召开了一系列环境保护会议,还制定了各种环境保护和教育议程。

1.2.2 校内环境教育阶段

20 世纪中叶以后,人们开始思考如何使环境教育在更大范围内产生影响,如何提高青少年的环境保护意识。诸如此类的问题将人们的目光转向学校教育,期待学校可以目标化、系统化、结构化地对受教育者形成影响,只有把环境教育纳入学校教育内容之中,尤其是通过课程设置将其固定下来,环境教育才可能有更加旺盛和持久的生命力。

一般而言,环境教育的开展主要有以下三种方式。第一,环境教育与学科结合。研究表明,在教育教学过程中,教师可以有效利用相关的学科知识进行环境教育的过程仍处于初步、保守的阶段,缺少环境保护的情感意识和倾向的输入。第二,利用现代信息通信技术进行环境教育。以计算机多媒体技术和网络通信技术为核心的现代信息技术影响着生活、学习和思维方式,信息技术在教育中的应用,使传统教育技术形态发生了显著变化。第三,利用各类场所进行环境教育。例如,在一些欧洲国家,目前已经有中小学开展相关的环境教育课程,包括生物多样性、空气污染以及淡水的生态结构等环境教育。例如,葡萄牙的一所私立学校在学生实际兴趣爱好的基础上,开展以大气污染为主要内容的跨学科环境教育,法国滕奇丁卡养鱼场对儿童进行淡水生态系统的结构形成与其生态功能等相关环境教育。环境教育除了在学校课程、校园餐厅和图书馆等场所开展之外,还结合一些其他的校外场所,比如校外动物园也是进行环境教育的一个主要场所,有着非常丰富的环境教育资源,可以通过分析整合,最终渗透到环境教育的相关课程或课外实践活动中。

事实上,早在 1968 年的生态圈国际会议上,就已经提到关于环境教育课程的议题。这次会议不仅体现了世界各国对环境教育的关注程度之深,而且更为重要的是此次会议指出为了激发全球对于环境问题的进一步关心与重视,应尽快开发与环境教育课程相关的研究资料和教学大纲,开展相关的专业技术培训,从而加速各个层次的环境教育。1972 年,联合国组织召开了第一届"人类环境会议",并在此会议上通过了《人类环境宣言》。自此以后,各个国家不断开展学校环境教育活动,使环境教育成为新世纪基础教育的热点内容之一。到了 20 世纪 80 年代以后,这一进程明显加快。

1.2.3　绿色学校创办阶段

"绿色学校"一词产生的源头已无从追溯,但从看到的文献来看,绿色学校一词的产生和环境教育的关系十分密切。1985 年,马来西亚教育部出版了《绿化学校》一书,它是研究绿色学校的较早的文献之一。20 世纪 90 年代初,英国也有很多专家从环境教育角度进行研究,对如何建设绿色学校展开讨论。还有人认为,绿色学校的概念最早起源于欧洲环境教育基金会,1994 年,它提出了一项全欧"生态学校计划",也称"绿色学校计划"。直至 2001 年初,这项计划已经普及到 21 个国家超过 6 000 所学校。这一项计划在各国名称有所不同,如爱尔兰将其称为"绿色学校",德国将其称为"环境学校",英国、葡萄牙等国则将其称为"生态学校"。尽管名称各不相同,但本质内涵是一致的,即以环境教育的基本理念和标准为核心,评价学校的各种教学活动,包括课程设置、课内以及课外教学、师生教育、学校基础教育设施以及文化建设等内容,同时也包括学校的相关计划设计、实施和评价等重要环节。因此,国际上倡导的绿色学校,其实是在学校中开展综合、广泛的环境教育的一个平台。"绿色学校计划"通过召开"生态学校年会",发行"生态学校通讯",建立生态学校等相关网站,加强各个国家生态学校之间的相互联系,从而推动整个欧洲各类学校环境教育的发展。实践表明,创办绿色学校有助于促成全民环境意识的养成,实际效果明显。此后不久,绿色学校的概念以及其具体实践方式受到广泛认可且被普遍传播,包括澳大利亚、美国等国家及中国香港和中国台湾等地区也逐渐引入了绿色学校的理念,并且积极开展绿色学校活动。

1996 年,我国在《全国环境宣传教育行动纲要》中第一次提出了"绿色学校"的概念,强调将环境意识与实践贯穿于整个学校的管理、教育、教学和建设的活动过程中,促使教师和学生关注环境问题,并在这个过程中让青少年不仅接受教育、学习知识、增长身体,同时帮助他们树立热爱大自然、保护地球家园的环境理念和对环境负责任的精神;让他们在掌握基本的环境科学知识基础上,学会人与自然要和谐相处的基本思想;同时意识到要从自身做起,从身边的点滴小事开始,主动参与到环境保护的行动中,形成可持续发展思想;转变学校全体师生的观念,逐渐从只关心学校内部环境发展到观察周围,关心社会和国家的发展问题,乃至关心整个世界的发展,并在教育和学习中主动将所学习的知识进行创新和应用。这一活动不仅带动了教师和学生的家庭,而且通过家庭教育带动了整个社区教育,然后通过社区教育带动了更多公民更积极地参与到保护环境的实践活动中,使之成为学校开展素质教育的主要载体,进而不断发展成为新形势下环境教育的一种非常可行的方式。

1.3　国内外研究现状

1.3.1　国外研究现状

1.绿色教育的概念变迁

西方国家很少有学者直接提出绿色教育,他们与我国提出的绿色教育最直接相关的概念是环境教育与可持续发展教育。这种教育在国外的发展大致可以分为两个阶段,第一阶段是环境教育时期,第二阶段是环境教育向可持续发展教育迈进的时期。绿色教育内涵也主要以环境教育和可持续发展教育作为实质变迁对象。

(1)环境教育

环境教育这一概念最早始于卢梭的自然教育思想和阿格赛兹提出的"学习自然而非书本"的思想,他们认为环境教育的最初动机来自人类对自己生命的关注,到现在已经形成了较为成熟的理论体系。国外的环境教育研究始于 20 世纪 60 年代。1972 年举办的斯德哥尔摩人类环境会议是全球环境教育运动的发端,该会议强调无论是在各级正规或非正规的教育中,还是在校内或校外的教育中,都要充分利用跨学科的教学方式开展环境教育。之后,环境教育作为一种重要理念不断融入各国政府工作中,并且逐渐成为在全球范围内开展的环境教育行动。

关于环境教育的内涵,部分学者从环境能力培养角度对环境教育的概念进行界定。最早的环境教育定义认为旨在培养具有生物物理环境及相关问题的丰富知识、知道如何解决并积极致力于攻克这些问题的公民。随后有学者在这一概念的基础上增加了社会文化环境,将环境教育定义为培养世界人口意识和关心整个环境及相关问题的过程,也是培养世界人口拥有知识、态度、责任、能力以便能使个人或集体克服当前存在的问题和阻止新问题出现的过程。部分学者从认同感的角度,将环境教育定义为旨在帮助公民掌握相关的环境知识,并成为愿意以个人或集体的力量推动和维系生活质量和环境质量的动态平衡的公民。从教育过程角度看,有学者认为环境教育是一个过程,帮助学习者领悟和理解环境的原则和问题,使之能够辨别、评估解决这些问题的方法以及评价这些方法各自的优势和风险,设计和培养人的技能和视野,使人能够理解事物发展的相互作用。

部分学者阐述了对于环境教育目标的认识和理解,认为环境教育的主要目标是帮助个人在四个方面有所收获:一是清晰的认识,即人类作为自然与人文环境所构成的整体系统中不可分割的部分,有能力改变这个系统的相互关系;二是对于生物物理环境的广泛理解,认识其自然环境和人造环境以及在当代社会中的作用;三是对于人类所面临的各种生物物理环境问题,以及在问题解决过程中,公民和政府的责任等方面达成基本认识;四是形成对生物物理环境质量的关心态度,从而激励公民积极参与相关问题的解决。

(2)可持续发展教育

20世纪80年代,世界环境与发展委员会提出可持续发展理念。1992年,联合国发表了《里约宣言》,并在向各国政府发出的《二十一世纪议程》中提出了"面向可持续发展而重建教育"的倡议。随着可持续发展概念的提出,环境教育理念开始向可持续发展靠近。联合国环境署与世界自然基金会与国际自然保护联合会于1991年共同起草了《关心地球——迈向可持续生活的战略》,该文件认为在可持续发展中应该充分发挥教育的重要作用,并指出应对环境教育重新定向,向可持续发展教育理念迈进。1997年,英国率先运用"可持续发展教育"一词正式取代了正规教育中的"环境教育",至2000年左右,一些发达国家已在官方文件中用"可持续发展教育"代替了"环境教育"。

与环境教育不同,可持续发展教育不仅要保护环境,更要思考环境的创生和长久发展,要具有先导意识,用整体性思维审视各要素之间的相互作用关系,可以说是贯穿在环境教育中的理念和灵魂。英国著作《可持续发展教育》,探讨了英国关于可持续发展教育的内容,并且把人口教育、发展教育、环境教育以及社会教育等内容作为可持续发展教育的参考依据,进一步从历史、意识形态、经济体制、社会文化、政治等角度,提出可持续发展教育为社会和环境教育、人权教育、和平与发展教育提供了一个完整的框架。以此书为标志,国外的众多教育理念从最初单单包含环境教育发展到将可持续发展教育理论作为核心。

在整体研究内容中,国外学者较少直接关注绿色教育的概念界定,更多是通过"绿色学校"这一概念,对绿色校园的实践进行分析,具体包括绿色大学的建设内容,如建筑物、校园环境、校园公共设施等,同时通过建立绿色校园的评价体系,对学校的绿色教育水平进行评估。

2.绿色教育的实施

国外关于校园绿色教育实践的研究非常丰富。在美国,德利等学者提出了绿色课堂环境理念,提出绿色特征应该体现在课堂环境中,提出学生才是整个课堂的根本,应注重营造促进学生发展的氛围,强调课堂的和谐、动态和可持续性,形成一种活力四射、自由高效的绿色生态课堂。在这种课堂环境中,每个学生都应该受到应有的尊重,学生的人格得到有效维护,大家都能彼此公正对待,关心和爱护,积极主动地学习。澳大利亚的绿色教育不仅体现在在教学活动中注重"绿色",而且倡导校园环境对教育产生的影响。澳大利亚的中小学在教育中非常注重强调教学环境应该具有使学生放松的属性,在这样的课堂环境中,学生能够充分发挥主动性和自主性,同时加强学生与自然生物之间的生命交流,体悟并获得绿色生命的相关教育,在与自然和动物等的接触过程中,不断培养学生的爱心、同情心和恻隐之心,并且提高学生的可持续发展意识和绿色环保意识。在欧洲,早在20世纪90年代举办的欧洲环境教育基金会上就提出了"全欧生态学校计划",也是绿色学校这一概念首次被提及的时候。随着绿色学校理念的出现,学校的日常课堂、教学管理和学生管理等都围绕绿色环境教育的特点展开,尽可能将绿色体现在管理体系的各个方面,这在一定程度上丰富了绿色教育的研究视角。

在政府绿色治理层面,不少学者从政治视角对与生态环境相关的治理问题开展研究,为生态环境问题的解决提供了新思路。1962年,环境学家理查森的著作《资源保护的政治:改革与论争,1897—1913》,第一次将资源保护和环境治理提升到了政治高度,为以后的学者从政治研究视角探讨生态环境治理奠定了基础。罗森鲍姆作为环境政治史的先驱,在其撰写的《环境政治与政策》一书中,将美国的环境问题与政治结合在一起,从政治角度对环境问题做出了较为全面的分析,为环境政治史的研究提供了全新的分析架构。也有学者认为生态环境问题出现的根本原因在于政治,而解决生态环境问题的关键则是进行生态政治改革,构建以生态为主体的社会。在这种情况下,绿色治理作为一种新的治理范式应用而生,在各国绿色发展中发挥了重要作用。

在企业绿色发展方面,有学者从企业对绿色发展的态度角度,认为企业对绿色发展的态度分为三种:第一种是他们不知道为什么要进行环境管理;第二种为"灵巧推动"企业环境管理;最后一种为积极地进行环境管理。还有学者从企业环境战略角度,认为领先企业开始把环境管理作为一种竞争力,可以利用环境管理获得较大的竞争优势,并且从不同角度对企业战略进行了分类。部分学者从实施绿色发展驱动因素角度出发,认为企业的绿色发展主要取决于消费者的需求以及他们的环保意识与偏好,同时也包括政府的环境规制以及原材料的供给等方面。也有学者从绿色创新的角度出发,认为企业必须依托技术的创新与进步,才能实现绿色发展。

在个体绿色教育方面,一些研究从影响绿色消费行为的个体客观因素出发,认为人口统计变量会影响公众的绿色消费行为,包括收入、受教育水平等,并据此提出提高绿色消费意识的措施。多数学者从绿色消费行为心理意识变量形成机制角度,发现了很多能够影响消费者绿色消费行为的内在心理因素,包括环境意识、生态世界观、价值观、主观行为规范等,并从这些角度提出了提高公众绿色消费水平的建议。

1.3.2　国内研究现状

1.国内绿色教育概念变迁

(1)环境教育

我国较早使用"绿色教育"一词的是中国人民大学哲学系博士欧阳志远,他在 1994 年的《前景广阔的"绿色教育"》一文中阐述了国际环境教育兴起的背景及过程,指出我国应通过环境教育,使公众认识到"先污染,后治理"道路的不良影响和不现实性。然而,他所说的"绿色教育"指的是环境教育,与国外环境教育初期所倡导的理念基本一致,他在文中也并没有详细阐释"绿色教育"的概念内涵。随后关于环境教育的研究越来越多,一方面是关于环境教育的基本发展理念的研究,主要涉及环境教育的含义、目标、内容、实现形式和指导思想等多种维度。另一方面是关于环境教育的经验介绍。部分学者分析国外环境教育的特点,包括美国、德国、日本等,并在此基础上为我国的环境教育实践提供方法和意见。也有学者对以往国内环境教育的研究成果进行完整的总结归纳,或者对目前环境教育的研究现状进行分析,抑或分析未来环境教育的发展趋势。

(2)可持续发展教育

1994 年,联合国教科文组织提出了将环境教育、发展教育与人口教育三者相结合,转向可持续发展教育。受此影响,我国颁布了《中国 21 世纪议程——21 世纪人口、环境与发展白皮书》,正式将"环境教育"转变为"可持续发展教育",将教育的目的从"帮助人们掌握环境保护知识"转变为"帮助人们树立可持续发展意识",将教育的内容从"环境保护知识"转变为"环境与发展的关系"。在"可持续发展教育"批判地继承了"环境教育"理念之后,可持续发展教育的实践工作也随之展开。有学者从可持续发展教育的概念角度,对其进行了界定,认为可持续发展的基本内涵包括四个要义:以人为本、全面、协调、可持续。有学者对可持续发展教育进行了理论构建,即将主体教育思想和可持续发展教育思想确定为指导我国可持续发展教育推进的基本理念,注重弘扬人的主体精神,在教育教学过程中培养青少年主动学习与合作学习、应用学习与创新学习的能力。有学者从构建可持续发展教育理论的基本设想角度分析,认为可持续发展教育思想不仅需要从中国传统文化中吸收其以"仁"为核心的内涵,而且需要辅之以马克思主义的"科学共产主义"思想内涵,构建"人与人"关系的新理论。

（3）绿色教育的概念

绿色教育的内容历经环境教育所指、环境教育中可持续发展理念的融入,目前其内涵也在不断丰富发展。当我们提到"绿色",首先呈现在脑海中的是郁郁葱葱的树木、绿油油的草地等,它总是给人一种天然干净、没有污染且蓬勃向上的感觉。在生态学领域,"绿色"是一种能够展现自然的颜色,是一种比新长出的嫩草还要略深的色彩;而在光谱中则是一种介于蓝和黄之间的颜色,这是对绿色在自然属性上的最本质解释。在人文学中,绿色又被赋予了一种具有生命力和健康的内涵,象征盎然的生活与激情的活力,如有学者认为绿色象征着自然,象征着和谐共生,象征着有机的整体,也象征着可持续发展。综上,"绿色"表达了至少两种内涵,即对自然的联想和生命的象征。

学者们将绿色引入教育领域中,认为教育应具有生机与活力,这里面所展现的则是人文学中关于绿色概念的界定。"绿色教育"这一理念的提出,主要是为了应对教育领域中存在的"不绿色"问题。它不再仅仅是传统所讲的环境教育,同时也与只强调保护生态环境与促进生态发展、关注生态与人类社会可持续发展而也称为"绿色教育"的可持续教育不同。国内有关"绿色教育"的研究,其重点除了生态环境以外,还包括被功利思想异化的人,教育发展过程中的"功利性、工业式、商业化"等"不绿色"问题,以及由这些问题引发的教育内容、教育方式与教育手段等"不绿色"的内容或行为。"绿色教育"中的"绿"不仅体现在教育理念中的"绿",同时也体现在教育价值取向和教育思维中的"绿"。换句话说,国内研究所理解的"绿色教育"旨在运用绿色发展的理念来引导教育的发展,解决教育自身发展的弊端问题,使教育在承担解决生态环境问题的责任中,在培养人的过程中,实现教育和自身、教育和环境、教育和人的协调发展,其中更为重要且根本的追求是最终实现人的全面发展。

　　根据国内相关领域学者的理论研究成果可以得出,不同学者分别从各种角度对绿色教育的概念进行了阐述,主要包含两个视角。首先是将可持续发展理念与环境问题结合起来的绿色教育。学者余清臣认为,我国的绿色教育一方面是环境保护教育产生和发展的需要,另一方面是把人类自身发展与环境教育相结合的可持续发展,是以人为中心的教育思想的理解和探索,开启了可以使人们使用"绿色"一词来形容这种教育思想和行动的可能空间。他认为绿色教育的关注点在环境和可持续发展这两个层面。与此同时,绿色教育除了包含绿色环境方面的教育,更具备人类教育事业可持续发展的特征。其次是将人文和科学结合起来的绿色教育。由绿色教育谈到人文与科学的关系,实际上仍然是把人与自然作为逻辑起点。有研究已经开始在与环境保护相关的可持续发展与环境教育这一内涵上有所突破,思考"绿色教育"的现代意义。作为对环境与可持续发展理念的进一步拓展,中国科学院杨叔子院士将"绿色教育"阐释为"科学教育与人文教育的交汇。其中科学教育包含了科学思维(思想)教育、科学精神教育以及科学方法教育等三方面;而人文教育则包含了人文方法、人文思想、人文精神教育以及人文知识"。这里说的绿色教育是人文与科学的结合。他从三个方面指出了现代教育所应体现的绿色,即"科学人文,交融生绿""人文求善,为人之本""科学求真,立世之基",认为科学与人文相辅相成、相互交融的教育才是教育发展所应坚持的方向。学者丁钢指出绿色教育不但包括科学与人文的结合,更应该是"一个包含、涉及和渗透在教育工作不同方面以及不同阶段的理论体系",这是将学者杨叔子的科学和人文思想真正理解、运用和渗透到教学实践活动之中,实现从知识探索到实践应用的全面的绿色教育体系。清华大学王大中院士提出绿色教育的本质是把可持续发展和环境保护的意识贯彻落实到整个教育活动中,认为应该将绿色教育思想渗透到技术科学、自然科学、人文以及社会科学等综合性的教学与实践环节。他的观点与丁钢的观点在本质上有很大的区别，但两人的观点也有相通之处，都认为绿色理念应该被运用于教学过程的各个方面。此外，学者孔德新认为，绿色教育是围绕环境教育并以培养绿色心理和恪守绿色伦理为辅助的现代素质教育方式。该学者的观点与其他几位学者的观点又有些许区别，他更关心人的心理的"绿色"，强调人的心理健康与环境教育都很重要，应将环境教育和人的心理"绿色"教育两者结合起来进行研究。

2.绿色教育的实施

在绿色教育思想引导下，更多人聚焦了如何实施这一理念，改革、更新传统教学观念，希望绿色观念得到全社会的认同。学者叶向红同意绿色教育的目标是激发学生生命力的同时，他又进一步强调教育还包括认识、理解、引导、关注和遵循等内容，如果只用一个词表达"绿色教育"的本质内容的话，这个词语应该是"尊重"，自由发展、积极进取、不断超越的同时还需要对学生的生命有更清晰的认知、理解和关注。除此之外，需要承认学生差异是客观存在的，在认识差异的基础上努力追求学生的差异化发展。学者丁道勇认为，相较于环境教育和可持续发展教育，"绿色教育"并不非常关注内容主题的实际来源，而是更加关注相关内容主题所服务的价值目标。在绿色课堂构建方面，学者吴丽兵和孔德新等人的研究都囊括了传统教学内容的改革、课程体系的深化以及以开放式教学方式为主的师生互动教学方法。他们研究的相似之处是都构建了一个崭新的学科"范式"来帮助课程体系形成，这不仅有利于学生提高自身的人文素养，通过设计促进课程内容和课外活动围绕可持续发展的意识提升，培养师生的可持续发展思想。同时，他们指出教师应该将绿色教育贯穿落实到教学活动的全过程中，可以灵活使用"绿色"，充分发挥"绿色"的作用。

此外，在政府绿色教育管理方面，有学者从绿色教育理念推行的角度，认为绿色管理需要政府主导，不断将环保理念贯穿落实到政府的整体社会事务管理过程中，采用多种有效的控制手段和激励机制，促进有益于国家经济、社会和环境三者相协调发展的综合性体系的形成。也有学者从绿色教育的推行结果角度,认为政府绿色管理是指在充分遵循经济、社会和环境协调发展的基础上,全面促进国家生态文明建设与社会经济生态化发展的公共管理。

除了学校、政府教育的实践功能,也有研究从企业绿色文化构建方面切入。例如,有学者从绿色营销的角度,认为企业绿色文化的构建是建立绿色营销的有效途径,而企业绿色文化的构建需要建立在企业领导人的支持基础之上。也有学者从员工角度出发,认为企业绿色文化要从员工的相关教育培训、企业绿色形象的构建、组织的机构设置以及有效组织绿色生产和绿色营销等方面展开。还有学者从财务角度出发,认为企业绿色文化要推进绿色核算体系,并强调企业的环境绩效,从而促使企业重视环境责任;或从环保角度出发,认为构建企业绿色文化的主要途径之一是低碳经济。关于企业绿色文化建设的相关途径研究,目前主要集中在结合具体某个人、某些行业或企业开展实证研究。

在公众绿色教育研究方面,有学者从影响绿色消费行为的个体客观因素角度出发,认为性别、城乡等背景因素会影响公众绿色消费行为。也有学者以心理意识变量为切入点,认为环境价值观、环境知识、环境态度、生活方式、绿色购买情感会影响消费者的消费行为,还有学者认为生活方式会对消费者绿色消费行为产生影响,并提出相应的建议。

1.4　实践案例

1.4.1　案例介绍:联想公司绿色供应链实践

气候变化给社会大众以及各行各业带来的巨大消极影响,倒逼世界各国开始追求以"可持续"为目标的绿色化发展,也使得绿色化发展目前已经成为各个产业领域着重关注的问题。与此同时,绿色生产、绿色制造和绿色设计等理念应运而生。随着人们对环境问题的关注度越来越高,大家逐渐意识到工业高速发展所导致的环境污染问题应该通过供应链管理技术加以遏制,绿色供应链管理研究应声而起,成为研究的焦点。

电子行业是目前拥有市场规模较大、发展比较迅速的行业之一,有产业链条长、涉及中小企业数量较多的特点。与传统供应链不同,绿色供应链的发展能有效地帮助电子行业解决企业在发展过程中面临的各类问题,如贸易壁垒、客户绿色产品需求等。为了适应市场的变化,联想集团也在自己的绿色供应链方面做出了改进。

1.联想绿色供应链管理发展规划

联想秉承绿色先行理念,保持行业领先地位,积极探索绿色供应链的建设与实施,支持公司在可持续发展方面的主要承诺:确证环保合规、防止污染及降低对环境的影响、努力开发领先的环保产品,持续改善全球环境表现。联想特别关注供应链方面实现可持续发展,以合规为基础,以生态设计为支点,以全生命周期管理为方法论,探索并试行"摇篮到摇篮"的实践,实现企业资源的可持续利用。

2.联想绿色供应链管理思路与方法

联想集团的绿色供应链体系十分完善,主要通过绿色生产、供应商管理、绿色物流、绿色回收、绿色包装等五个维度以及一个绿色信息披露(展示)平台来构建企业的绿色供应链管理体系。

(1)绿色生产

在产品研发方面,产品研发部门设有环境设计经理职位,将环境设计的理念、目标在产品研发过程中进行落实、贯彻。在经营的现场,尤其是在工厂现场,有环境事务协调人,多数是环境体系接口人,他们负责生产现场相关环境管理工作。美洲区域、亚太很多区域也有环境事务协调人,负责追踪各个区域最近的环境法律法规变化,并通过内部网格结构及时将这些变化给到公司内部各个组织环境负责人。欧盟在环境方面的法律法规变化非常频繁、严苛,很多客户对联想的产品和绩效非常关注,各种询问都是靠欧洲区域环境协调人在公司内部协同并及时给客户、监管部门各种反馈。每年年初都会设定环境管理目标,结合产品的特点、行业的趋势、内部资源,目标通过这样的组织层层向公司内部下达。联想把生态设计目标融合到整个环境体系目标中,通过目标管理的形式进行每年的落实、分解、实施,通过体系的持续完善进行目标的监测并不断改进。

在绿色工艺方面,联想独创了低温锡膏的工艺。这种技术一方面可以降低生产过程中的温度,从而实现减少二氧化碳排放的目的;另一方面可以有效废除锡膏中铅的运用,大幅提高 PCB 的良率。在新能源使用方面,联想制定了公司 10 年的发展目标,承诺了 35 兆瓦的减排目标,并为此做了很多尝试,包括能源信用额度、碳汇购买等,很多生产现场用太阳能面板进行楼宇改造,使用更多新能源替代传统能源,当然也包含在很多产品上不断提升能源效率。用材方面,联想逐步引入环保消费类再生塑胶(PCC),成为行业内第一家使用 PCC 的厂商,且使用量遥遥领先。这不仅有利于材料的再次利用,减少电子废弃物污染,并且可以有效减少二氧化碳排放量,还解决了通过焚烧和填埋等处理方式所带来的环境危害问题。联想有意识地扩大 PCC 在产品种类中的使用比例,逐渐扩展至包括 PC、服务器、显示器等在内的 PC＋产品,且所有材料均通过环保和性能认证。

(2)绿色供应商管理

对供应商的环境行为进行评估。联想持续关注供应链的环境表现,监控和推动环境管理和实践。联想制定实施了《供应商行为操守准则》,覆盖了可持续发展的各个方面,详细记载对供应商的环境表现期望,并导入公司级采购流程,进行供应商绿色管理、评估和监督。在采购订单的条款、条件以及其他正式协议方面,联想要求供应商遵守法律、法规及多项其他可持续发展的规定。

对供应商进行培训。联想自 2008 年以来,定期举办全球供应商环境标准与法规大会,通过宣贯联想全球环境政策、方针、目标与指标,推动供应商全面合规,携手供应商提升自身环境表现。

对供应商有害物质管控。在供应商监督方面,联想是行业第一家推动供应商导入"全物质声明"措施来管控有害物质使用的厂商,实现了产业链中有害物质的替代与减排。2014年以后,联想不断实现供应链领域的全物质信息披露,持续改变产品有害物质合规模式,提高环境合规验证效率,为材料再利用、逆向供应链、产品废弃拆解等提供依据,实现了有害物质的合规管理。

与供应商合作促进绿色运营。联想是业内最先推进全物质生命周期管控的厂商之一,使用了全物质生命周期的声明和基于PDM的管理系统进行全生命周期的物质管控。现有法律法规只是要求进行自我声明,但如果产品卖到欧盟,欧盟各种监管渠道甚至大客户如有需求,联想的这个系统可以实时提供数据证明联想的全生命周期物质管理达到什么水平。供应商在GDX录数据,联想通过PLM进行管控,这样就可以实现实时的关于全物质生命周期的管控。在绿色运营和与供应商的协同方面,把绿色环境要求融入供应商的采购和管理中。通过和供应商共同制定目标、共同评估,辅助他们建立规范和管理机制,同时推动供应商自评,提交自评报告,确立评估机制。联想和第三方一起对供应商制订行动计划和持续改进机制,与供应商协同达成供应链的环境绩效。

(3)绿色物流

联想物流部门积极推动环保性物流运输,减少运输设备的温室气体排放,并聘请外部监管机构落实改善措施。联想在2012财年确定产品运输的碳排放基准,用以协助监测联想的物流过程。通过紧密合作,联想持续优化物流方案,以最环保的方式运输产品。联想持续收集并计算产品运输排放量数据,工作和计划包括扩大排放数据收集范围,新增主要供货商,评估成本和排放量的关系,并仔细检查上游运输及配送的排放量等。

(4)绿色回收

联想积极实施绿色回收计划,最大限度地控制产品生命周期的环境影响,加大对可再利用产品、配件的回收,尽可能延长产品的使用寿命,同时对生命周期即将结束的产品提供完善周到的回收服务。在全球范围内为消费者和客户提供包括资产回收服务在内的多种回收渠道,并进一步进行无害化处理,以满足特定消费者或地域需求。

(5)绿色包装

联想在绿色包装方面采取了多种方式,如通过不断增加包装中可重复使用包装、可回收材料种类,推广工业(多合一)包装,扩大可回收材料的比例,减少包装尺寸等。联想 PC 采用复合包装,可减少 60% 的材料使用,同时采用可回收热成型缓冲材料,年可节约原生塑料 80 吨,100% 使用再生纸卡板,年可节约木材 25 吨。

(6)绿色信息披露平台

联想与权威公正的第三方检测机构合作。这一检测机构致力于为联想提供全方位、全流程的绿色产品检测认证服务体系。联想的环保方针、政策、措施和成果,如产品的环保特性、对供应商的环保要求、体系维护情况等信息,均在该第三方平台上进行展示和发布。根据企业的发展状况、所处行业的特点以及生产产品导向,联想同时使用定性与定量两种指标体系来规划整个企业内部各项环境工作的具体内容,不断将绿色供应链管理体系融合到整个企业环境管理体系中。此外,通过制定企业目标并按照年计划进行调整,联想将绿色供应链的具体要求渗透到企业经营管理体系的各个环节之中。

1.4.2　实践分析

企业实现绿色发展非一朝一夕之功,需要大量的投入和战略设计。为了保持产品的绿色设计,联想电脑除了花费巨资投入在研发环节外,在部件成本方面也要多支出不少。综合起来,一款联想绿色电脑比普通电脑的成本要增加近 200 元。但是联想电脑不会因为增加了很多绿色创新设计,就提高产品销售价格,联想希望能有越来越多的客户通过亲身体验,逐渐加深对绿色电脑的认识。通过多年践行可持续发展战略,支持低碳经济转型,联想在绿色发展方面已取得不菲的成绩,赢得"里子和面子"。

在绿色生产方面,联想致力于在可行的情况下安装本地可再生能源发电装置。2016 年,联宝光伏太阳能电池板安装完毕并开始发电,依托公司的屋面和仓库资源,智慧光伏电站项目预计总装机容量达 11 兆瓦,年发电量约 1 100 万度,可减排二氧化碳 11 000 吨。独创的低温锡膏制造工艺,相较于原来的工艺碳排放量减少了 35%。

在绿色物流方面,联想针对空运开发出的全新轻型托盘仅 9.8 千克左右。2016 年 5 月,联想中国手机制造商完成从使用木托盘向轻型胶合板托盘的转变,该转变每年可减少约 4 000 吨二氧化碳当量排放。联想全球运输团队还积极推广在中国到欧洲的货运采用铁路运输和海洋运输相整合的方式,借此减少中国制造厂的集装箱运输量,从而实现二氧化碳减排目标。在亚太区,联想是亚洲绿色航运网络的创会成员,目标是促进及提高亚洲货运燃油效率,减少空气污染。在北美,联想是获得美国环保署认证的伙伴。

在绿色包装方面,联想获得美国包装专业协会最高设计奖——“美国之星”奖章,是全球唯一一家获得这一荣誉的 IT 厂商。联想之所以每年可以减少使用 80 吨的原生塑料,是因为联想选用了能够循环使用的100% 可回收的热成型包装材料。联想 Think Centre 台式和 Lenovo 笔记本产品实现 100% 再生料的包装(纸浆模塑和热塑)的配套使用。取消纸版用户手册,每年节省大约 3.5 亿张印刷页。联想电脑将 100% 再生纸卡板应用到空运过程中,每年可节约至少 25 吨的木材。

在绿色回收方面,自 2005 年至今,联想从企业自身运营以及生产中所产生的废弃产品回收率很好,回收效果达到了 6 万吨,并且从全球客户中回收效果也很好,共从客户手中回收了废弃产品约 9 万吨。联想也积极参与工信部牵头的四部委回收试点示范工作,是第一批入围该名单的ICT 企业。

随之现代科学技术的快速发展,消费者越来越依赖电子产品,越来越离不开电子产品,导致电子行业发展迅速。但是随着电子产业的发展,不可避免会产生环境污染。针对发展的不绿色问题,电子行业需要在整个供应链管理中秉持"绿色化"和"环保意识"理念,将可持续发展的观念应用到其供应链设计过程中,并且积极推进绿色供应链管理,实现产业的良性循环,从而在保证电子产业稳定发展的基础上,最终实现减少其对周围环境污染的目标。

资料来源:中华人民共和国工业和信息化部官网

第 2 章 解读绿色教育

2.1 绿色教育的思想基础

绿色教育理念批判继承了古今中外优秀的教育思想和理论,是在充分审视当前教育存在的问题以及人类社会发展规律基础上产生的,是教育理念的最新发展。回顾绿色教育的理论基础不仅是建构绿色教育理论体系的基点,也是开展绿色教育实践的依据。脱离实践的理论是空洞的,而缺乏理论指导的实践是没有方向的,会导致教育者只知道应该怎么做,却不知道为什么这么做。所以,为了使绿色教育实践少走弯路,需要探寻它的理论基础。同时,教育学是一门实践性、综合性很强的学科,这决定了绿色教育理论基础的宽泛性,不但涉及心理学、教育学和管理学等内容,而且从深层次上更是涉及哲学、生态学等学科的理论。

2.1.1 教育生态学基本原理

1.教育生态学起源

生态学是研究生物或生物群体与其所处环境之间关系的一门学科,其关注点集中在环境与生命两大系统之间关系的客观规律以及作用机制上。关于生态学的相关研究已经超越了传统生物学的范畴,逐渐扩展到了其他学科领域。生物学不仅涉及动物生态学和植物生态学,还包含与地学研究相关的土壤生态学、地理生态学、海洋生态学、生态气象学。20 世纪 50 年代以来,严重的环境污染与破坏不断促使生态学研究的细化,形成了大量的交叉学科,出现了生态学的分支,例如,城市生态学、污染生态学、社会生态学、人类生态学、教育生态学乃至生态经济学等。随着生态学研究受到了广泛的关注,"人与生物圈"的相关研究也被联合国教科文组织列为全球性课题。该研究从宏观角度出发,着重分析人与整个自然环境之间的生态学规律。教育学的相关研究一方面包含了教育发展的客观规律,另一方面也包含了教育在社会发展中的作用以及社会发展对教育研究的影响。

20 世纪 70 年代中期,科学技术的进步催生了教育学的学科分化,教育生态学随之兴起。教育生态学是将生态学研究方法与基本原理应用于教育学中的学科,是一门新兴的教育学分支学科。1976 年,美国哥伦比亚师范学院院长劳伦斯·克雷明在《公共教育》这本著作中最早提出并详细论述了教育学理念。根据生态学的基本原理,特别是其中的协调进化、自然平衡以及生态系统的原理,教育生态学将教育的内容与生态环境相结合,以两者的相互关系及其作用机理作为研究对象,通过研究教育现象以及现象背后的原因,引导教育发展的方向以及未来趋势。

目前,学术界关于教育生态学研究对象还存在分歧,主要有两种不同的观点,即关系论和系统论。持关系论观点的研究者认为,教育生态学的研究对象是教育与生态环境的相互关系与作用机理。持系统论观点的研究者则认为它是教育学与生态学交叉的一门边缘性学科,其研究主体不单是教育或生物与环境之间的关系,更是教育生态系统,包括其功能、结构及其发展变化规律。

2.教育生态学的生态结构及功能

教育的生态结构包含了宏观、微观两个方面。从生态结构的宏观角度来看,生态圈是宏观研究最大的范围,次之的教育生态结构则是世界上以各个国家为疆域的大生态系统,这是教育研究的重点内容。教育生态学研究以教育为核心的各类环境生态系统,分析它们的基本功能,以及与教育或人类的相互关系,并寻找教育所应该发展的方向和应有的体制,或者应该采用的相关措施。从宏观角度对教育生态进行研究需要重点把握四个重要内容:首先是生态环境,其次是输入,包括人力、物力、财力以及信息等;然后是具有弹性调控作用的转换过程,最后是输出过程,包括输出人才或输出成果等。教育的微观生态范围较小,包括学校、教室、各种设备,甚至座位的分布等对教学的影响。另一方面,它也包括诸如课程的设置目标、研究方法、教师工作内容的评价、学生学习效果的评价等微观角度的分析甚至家庭内部亲属关系等。在企业层面包括企业内部上下级的关系、同事的互动,甚至员工自身的生活环境、心理健康状况对教育的影响,而在政府层面,则包括政府政策、政府部门和其他部门之间的关系等。

生态学的研究对象包括四部分内容:个体生态、种群生态、群落生态以及生态系统生态。在教育生态学的研究领域中,学者们经常把种群生态和群落生态总称为群体生态。家庭的生活环境会对教育产生影响,可以表现出个体的生态特征。良好的生态环境对个体发展是非常有利的,可以促使个体能力的有效发挥;不良的小生态环境可能会带来消极的影响。例如,若将一所学校的众多学科看作一个教育生态群落,那么整个大学就可以被认为一个教育系统,一个企业也可以被视为一个群落,有时也可以被认为是一个小的教育生态系统。影响教育群体的因素有很多。教育群体中存在的竞争与合作等关系与多种生态系统不完全相同,但彼此相互作用影响。教育管理者如果要促进整个群体中个体的发展,可以运用群体动力学来分析整个教育系统,这对于管理者所应该拥有的素质、能力提出了更高的要求。教育生态系统非常复杂。学者们总是把一个国家、省或地区视为一个大的教育生态系统,其下还拥有大量的亚系统。这些宏观的教育体系不仅包括教育自身的系统,同时也包含了环境系统。教育系统包括管理者、开发者、被开发者三个功能团,教育生态系统是以这三个功能团为纽带,围绕教育及其结构层次以及生态环境各圈层,最终以输出人才和成果为目的的多因子相互影响系统。

教育生态系统拥有远离平衡态的开放性特点以及各要素之间非线性作用特点,这使我们可以采用耗散结构的相关理论去分析它,从而获得对系统动态情况的理解认知。水平的教育分布也表现了教育生态系统的水平结构特征,通过研究这类结构有助于我们准确地把握教育分布的总体格局。教育生态系统的基本动态结构规律是生态群体的规律性迁入和迁出,而迁入和迁出规律也是教育发展的必由之路,这种波动从客观上反映了教育主导思想的方针以及政策的变化。

教育所具备的生态功能与教育功能是有区别的。教育生态系统具有一定的目的性,有系统内和系统外的生态系统功能之分,其中系统外的生态系统功能是指会造成对外部环境影响的功能。教育可以使人树立建设生态文明的理念,通过教育可以普及生态文明知识,提高民族素质。教育生态系统的内在功能是为培养人才,外在功能主要是为整个社会服务,包括传播、帮助个人实现社会化,促使公众建立正确的价值观等。

3.教育生态学基本规律

教育生态学规律主要是用生态学的基本观点来研究教育与外部的生态环境之间,或者是与教育内部各个环节,以及各种层次之间存在的关系以及相关规律。因为教育生态学的研究时间比较晚,所以目前仍有很多教育生态规律还没有被人们发现或充分认识,需要进一步的研究。目前的基本规律主要体现在:

(1)迁移与潜移律

教育生态系统中的能量流和物质流有宏观和微观之分。在宏观层次上是径流,也就是比较明显的迁移,而在微观层次上则表现为潜流,也就是不明显的潜移。比如,国家财政部门通过拨款给教育部门,然后教育部门通过各大银行把资金转给各个学校,这就属于径流。而当能量流入到学校以及企业之后,再分散到各个部门,乃至教师、企业员工个人,这个时候径流就变为了潜流,在资金流动过程中,能量渐渐被消耗。

（2）富集与降衰律

改革开放政策实施以来，学校采用了多种方式并通过各种渠道试图解决资金短缺问题，这被认为是一种富集作用，会给学校的教育生态系统的发展带来活力。在一般情况下，富集度越高，系统越可能向高水平方向发展，但是富集度也需要把握一定的量，当富集度超过一定量之后，也会导致过犹不及的问题，造成浪费现象。因此，富集应该与不同的发展水平以及层次相匹配。降衰是富集的对立面，如随着距离的增加，信息流会不断减少；随着时间的增加，信息流也在人体内部不断减少，只有通过反复复习，不断地强化各种神经之间的联系，才能够保持。

（3）教育生态的平衡与失调

教育生态理论的核心问题之一是教育的生态平衡，如果能够把握教育生态平衡的规律就能够从根本上解决教育中存在的实际问题，从而推动教育持续发展。教育生态平衡的研究可以从教育生态系统的结构与功能两个角度展开。但需要注意的是，有些平衡失调在一段时间内呈现隐性，一时难以反馈和显示出来，这是由于恢复教育生态平衡或建立新的教育生态平衡周期表以及教育效果滞后等问题导致的。面对一些平衡失调问题，我们需要在平衡原理以及科学的检测方法基础上，积极主动地进行观察分析，通过前馈控制，有效调节生态系统，否则将会付出惨痛的代价。

（4）竞争机制与协同进化

竞争随处可见，大到国家与国家、企业与企业，小到个人与个人之间都存在竞争关系，且不可避免。物竞天择，适者生存，存在竞争就会存在淘汰。虽然竞争可能会带来一些消极影响，但是竞争也存在一些积极影响。对于学校来说，竞争对于教育者和受教育者都可以产生积极的推动力，促使整个教育改革和学科之间进行交叉和渗透，推动学科之间或者院系之间的合作，从而实现教育质量和科研水平的不断提高。整个教育经历从相互竞争到协同进化，这是教育者、受教育者以及管理者的最终愿望。虽然有时不当竞争可能会带来消极的影响，但是就整个教育生态系统而言，发展的主流永远是协同进化。

(5)良性循环

良性循环是指事物间相互关联、依托,组成多个循环滋生链条,形成共同促进的因果关系。教育圈是一个大系统,不仅包含了初始教育、成人教育、继续教育,同时也包含各种从事教育工作的人员,还包含了教育发展所依附的客观条件与环境,即管理、科技、经济以及对人才的需要等。经济的发展给教育的发展提供了基础,而科学技术的进步则给教育圈提供了全新的思想指引和观念冲击,良好的社会环境给教育圈的平衡创造了较好的氛围。总而言之,教育圈内部的物质流、能量流、人才流都有其自身的良性循环机制。

4.教育生态学相关原理

(1)耐性定律和限制因子定律

1913 年,美国生态学家谢尔福德首次提出了耐性定律,认为一种生物能够得以生存和繁殖的基本前提是整个环境中全部生态因子的存在,如果其中的某种生态因子在质或者量上不足或过剩,且程度超过了该生物生长的耐性限度,就会使该生物无法生存,甚至导致生物灭绝。将其运用到教育学领域,则体现在教育生态系统或系统内部的每一个体。在其整个发展历程中,教育生态因子有着自身能够适应的最佳范围,这个范围有最大限度也有最小限度,如果在这个范围之内,那么教育就可以得到有效的发展,如果超出这个范围,就会抑制系统或每一个个体的发展,这一原则就是教育的最适度原则,其中,最小到最大的限度被称为生物的耐受性范围。生态因子的质和量的统一则是最适度原则在教育生态学中的体现,它是教育对象的承受力和教育生态因子的影响之间的相互作用以及协调发展的最终结果。在生物生长和发展中,需要各种各样的生态因子,任何一种生态因子在数量上过多或过少都会发展成为影响个体或系统有效运转的限制因子,即遵循限制因子定律。这个定律起源于德国化学家李比希的最小因子定律。李比希通过研究得出,在正常情况下,作物自身所需要的营养物质,如二氧化碳和水分等物质并不会影响作物产量的多少。相反,作物的产量更容易受到自身所需微量元素的限制作用的影响,比如硼、镁等。李比希进一步提出,假如其中某些营养元素低于作物所需的营养物质的最小限度,这个时候这种营养元素就变成了该作物的限制因子。随后,英国科学家布莱克曼发现,当这些营养元素远远高于植物所需要的最大限度时也会对作物的生长产生不利的影响,形成限制效应,这一研究丰富了李比希的理论。

无论是耐性定律还是最小因子定律,都是围绕主体是否需要和客体影响两个角度进行阐述的。用耐性定律分析,无论是教育系统本身,还是其内部系统,它们的发展都依赖于一个适宜的环境,并且这些环境要素与生态系统本身的承载力之间具有良好的协调关系。比如国家教育宏观政策的制定和实施,需要辅之以良好的经济基础、政治支持、社会氛围等条件,并且这些条件应该与教学活动本身或社会的承载能力相适应。在校园内,学校规模的大小既要充分考虑师生人数、设备等物质层面的内容,也要考虑学校办学理念、历史传统等精神层面的内容。体现在系统中的每一个个体,例如如何选择良好的教学方式,如何制定有效的评价机制等,都需要充分了解不同的受教育者之间的差异,包括智力、学习方式、学习态度、学习习惯等方面的差异。用最小因子定律来分析,一个学校的教学质量、教学设施,或企业的资金力量、工作环境等因素,都是影响学校或企业发展的关键因子。当某一种因子处于不足状态时,就会影响整个教育质量及整体教育的健康发展,当它处于过剩状态时也会对整个教育发展产生不利影响。对受教育者来说,某些限制因子会阻碍他们的全面发展。所以,在教育教学过程中需要及时发现受教育者存在的问题,并及时对症下药。绿色教育不仅强调科学的理念,而且包含了和谐的理念,但是其最终目的都是要实现教育,要充分考虑教育系统本身或教育系统内部各种因子的耐受程度,尊重各个系统自身发展的客观规律,从而促进整个系统和系统之间、系统和其他要素之间的和谐共生。总之,耐性定律和最小因子定律这两大定律都为绿色教育理念的概念界定以及具体阐释奠定了重要基础。

（2）花盆效应

花盆效应又被称为局部生境效应,即像花盆一样的半自然、半人工的小环境。一方面,它具有空间上的局限性,将生物控制在某一狭小的范围内,限制了生物的自由生长。另一方面,它又具有适宜性,因为通过人为地创造出非常适宜的环境条件,在这种环境下,生物可以长得很好。但是这种环境也给生物的生长带来了一些负面影响,因为长期在适宜的环境条件下生长,缺乏与外部环境的接触,其生态耐性也在不断地下降。一旦离开人的精心照料,它的生命力很快就会下降,经不起温度的变化,更经不起风吹雨打。这种现象同时也在教育环境中有所体现。例如,在当代家庭教育中,学生被认为是掌中宝,接受着父母无微不至的关怀和呵护。在学校这个环境当中,也会产生花盆效应,因为学校本身也是一个半封闭的小环境,而与外界环境交流比较少,而学校内部的教育方式又常常以灌输式和填鸭式的方式为主,加之学生在学校所接受的教育知识与社会实践中的联系比较少,造成了理论和实践的脱节。另一方面,学生在这种半封闭的环境中,自然形成了与社会的交流屏障,在整个学习生涯中,很少受到社会的各种磨炼,在家长和学校的多重保护之下,学生缺乏作为一个社会人必须拥有的基本生存技能和适应社会技能,不能够承受挫折。所以将学生从学校这种封闭式环境中解放出来,在理论教学的基础上增加一些实践活动,让学生能够更多地认识生态,了解自然,接触社会,对学校之外的环境有所了解,从而将教育环境打造成一个具有开放特征的教育生态系统,这与绿色教育所倡导的教育理念是一致的,即通过开放式的教育教学模式,把学生从学校这个局部小环境中解放出来,不仅解放他们的身体,而且解放他们的灵魂,帮助学生清楚地了解自身的定位,认清自己担负的责任及其与社会的关系,进而提高他们的认知,在复杂多变的社会问题中透过现象看本质,将自身所熟知的理论知识应用到社会实践中,不断提高自身的社会环境适应能力,在与社会的交流中实现自我价值。

（3）共生效应

自然界有一种现象,当一株植物单独生长时,就会显得矮小、单调,而当其与众多同类植物一起生长时,则根深叶茂,生机盎然。人们把自然界这种相互影响、相互促进的现象,称为"共生效应"。

从概念的起源来看,"共生"是一个生态学术语,对它的探讨最初集中在生态学领域,最早由德国真菌学家安东·德巴里在 1873 年提出,具体定义是"不同名的生物共同生活在一起"。《现代汉语词典》(第七版)的解释为"两种不同的生物生活在一起,相依生存,对彼此都有利,这种生活方式叫作共生"。生物学家的进一步研究发现,共生是一种普遍存在的生物现象,和谐共生广泛存在于动物与动物、动物与植物、植物与植物之间。在生物界,共生可以表现为偏利共生或互利共生,前者指"两个不同物种的个体之间发生一种对一方有利的关系",如地衣、苔藓等附生植物需要依靠被附生植物来使自己获得充足的阳光和空间,使自己存活;后者指"不同种个体间的一种互惠关系,可增加双方的适合度"。例如各种高等植物根与真菌菌丝共同生成了菌根,植物吸收营养(特别是磷)需要依赖于真菌,而反过来,真菌也从植物汲取自己所需要的营养,真菌与这些植物就是一种互利共生的关系。共生原理对教育中关于"人"的因素都有启发。自然生物界个体间的共生出于本能,是自然选择的结果;教育社群中的人际共生往往是有目的、有意识的选择,这种选择在很多时候表现为合作,即教师之间通过师徒帮带、协同教学等在教学方面互相合作,新老教师、不同"质"的教师共同生长,最终有利于自身的专业成长。企业中通过引进新的技术设备或者与其他企业进行交流与合作,提高自己的绿色发展意识,同时履行自己的社会责任,促进企业与企业、企业与社会友好关系的形成。政府通过积极宣扬绿色发展理念,使绿色理念深入人心,加深公众对于绿色发展的理解,促进绿色教育理念在整个社会的推行等。

(4)整体效应

整体效应主要指的是组成整体的各个单元和因子之间相互结合、相互作用而形成的总体作用或效果。俗话说"牵一发,动全身",就是整体效应的表现。整体效应表达的观点主要有两个:第一,整体是所有单元和因子的集合,整体起主导作用,这些单元和因子离不开整体,这就要求我们立足整体,实现最优目标。第二,整体由许多单元和因子组成,它们制约着整体,关键因子的变化甚至对整体的功能或优化起决定作用。整体是部分的集合,但不是简单地相加,而是部分间通过联系"捆绑"在一起的整合。整体的性质取决于组成它的部分,但是它却具有部分所不具备的功能。这就要求我们重视单元和因子的作用,抓住整体中的关键单元或因子,用部分的发展推动整体的发展。整体与部分是相互依存、不可分割的关系。整体由部分组成,组成部分的优劣会影响到整体的功能;同时,部分又依存于整体,在整体中体现价值。同样,对于教育生态而言,只有着眼于整体优化,并抓住影响优化的关键因子,才能真正实现教育生态的进步。

(5)生态系统原理

生态系统原理来源于这样一种观念:地球上充满了形形色色的生物体,但是地球上的任何生物只凭自身都是无法生存下去的,需要有一个相应的生活环境。也就是说,生物与环境(非生物)是彼此不能分割的,是相互联系、相互作用的。两者共同发展形成的整体,就可以称为一个生态系统。如果用一个公式来概括,即环境条件+生物群落=生态系统。换言之,生态系统原理主要表现在以下两点:第一,整体性原理,即生态系统是一个不可分割的整体;第二,相互依存、相互作用原理,即所有有机体与环境都是相互依存、影响的,表现在教育生态中,则体现为群体之间相辅相成、互相支撑的作用,最终实现整个教育系统的良性循环。

2.1.2　人本教育思想

1.西方人本教育思想

人本主义的核心思想就是以人为本。人本主义教育思想在某种程度上批判继承了西方传统的人文主义教育,并且与存在主义教育以及实用主义教育有着密切的联系。在漫长的教育历史长河中,很多提出各种人本主义教育学说的思想家、教育家都受到人本主义思想的影响。而人本主义教育是现代西方教育思潮的一个重要组成部分。教育理论中关于人本的思想内容有很多,不仅仅体现在政治思想中。

古希腊民主政治和民主精神充分尊重每个公民的独立人格,这使得古希腊文化出现了鼎盛的局面。而古希腊作为西方文明之源以及西方人本主义教育思想的发祥地,涌现了苏格拉底、柏拉图以及亚里士多德等多位伟大的哲学家、思想家,他们的思想中关于教育的阐述也是古希腊民主政治环境下的产物,为之后西方教育理念的发展奠定了良好的基础。在古希腊文化的发展进程中,人本思想是贯穿整个西方教育思想发展历程的一个重要内容。

古希腊哲学家苏格拉底真正意义上开启了对于人的研究,其中关于人本教育最重要的论述即是"认识你自己"。他认为哲学发展的最终目的不在于认识人类的生存环境,而在于认识人类自己。苏格拉底提出教育是认识我们自己最重要的一种方式。他认为美德是人心灵的内在准则,是可以通过教育来获得的。因为他认为教育最根本的追求在于实现善,而人的本质也在于追求善,所以教育的根本目的与人的本质是一致的,而人受教育的过程,也是追求善和认识自己的过程。需要注意的是,苏格拉底认为每个人都具有平等的追求善的权利,所以无论是聪明还是愚笨的人,都应该接受教育的洗礼。而教育的本质功能也在于使人们不断地追求善,并不断地认识自己,从而学会如何去做一个拥有良好品德的人。苏格拉底思想是古希腊哲学研究的一个分水岭,他使研究的重点从自然本源转变到了以人为主体,研究人类社会的伦理问题,他的思想中关于教育的研究对于绿色教育追求幸福和实现价值共享具有积极意义。

亚里士多德与苏格拉底的思想不尽相同,亚里士多德思想中的人本主义教育展现了一种自然主义的哲学倾向,他在历史上首次提出了教育遵循自然的观点,注意到了儿童心理发展的自然特点,主张按照儿童心理发展的规律,对儿童进行分阶段教育。同时他提出自然赋予了每个人发展的可能性,但是这种可能性具有一定的顺序,依次按照身体、情感以及理智形成,在此基础上,他提出了教育应当遵循这种可能性,顺应人自然发展的客观规律,认为教育的顺序应当是先体育,后德育,然后是智育,最后才是美育。他认为体育是赋予人健身知识和技能,发展人的体力,增强人的体质的教育,人必须拥有健康的身体才能够进行后续的教育,所以体育应该放在首位。其次是德育,他认为德育是对人施加思想政治以及道德影响,使人形成良好的品德和自我修养。最后需要通过智育和美育来实现理智性的教育,智育和美育在这个阶段已经上升到了人的灵魂高度,通过这两种教育方式,可以使人灵魂中的判断与思维等多种能力得到充分发挥,从而实现人的理性灵魂的高度发展,这种发展顺序比较符合人的心理和生理发展的客观规律。我们强调的绿色教育要适应人自身的发展规律与亚里士多德提出的顺应人的自然发展是一脉相承的。

14 世纪以后,欧洲迎来了文艺复兴运动,其主要思想体系则是人文主义。这个阶段的人文主义是新兴资产阶级反对封建束缚,谋取自身政治经济地位的思想武器。他们提倡以人为中心,反对封建统治阶级的压迫,逐渐形成了具有资产阶级色彩的人文主义思想。而这个阶段的教育也主要是为了满足资产阶级的需求,强烈反对封建主义统治者对于个人自由的束缚和人性的抑制。文艺复兴时期的思想继承了古希腊人本主义教育思想,确立了其人本主义的价值倾向,主张人的个性解放,充分发挥人的主观能动性,这与绿色教育中充分调动学生学习的主动性和积极性的理念相吻合。

马克思主义教育理论中蕴含着一定的人本思想,是马克思主义理论的重要组成部分,是马克思主义创始人在无产阶级革命实践中,对无产阶级革命斗争经验总结形成的对教育理论的科学阐述。马克思主义关于人和人类社会发展的重要理论旨在人的全面发展,这也是教育界一直关注的重要问题。这正是绿色教育的思想基础,它不仅认为人是具体的人,而且追求实现理性和非理性的统一。马克思主义理论中关于人的学说主要由三部分构成:首先是关于人的本性的探索。马克思认为人具有三种本性,包括自然性、精神性和社会性,所以需要从这三个本性出发培养人。其次是实现人的全面发展。马克思认为在理想的社会中,应该是人的身心、才华和品质都能够得到和谐的发展。他还认为人的全面发展建立在社会全体成员全面发展的基础上，只有整个社会的全体成员实现了全面发展，才能实现人的全面发展，实现社会主义社会的重要标志则是人类社会得以实现真正解放。最后是关于人的个性得以充分而自由的发展。充分是指发展的高度，而自由则是指个人可以掌控自己的发展。总之，人的真正发展必须是全面、自由和充分三者的统一，因此，以人为本是马克思关于人的发展学说的理论基础。

20世纪60到70年代，以美国为代表的西方教育界对人本主义思想的相关研究有了新的进展，罗杰斯是这个时期思想的代表人物，他从人本主义心理学角度出发，主张形成以学生为中心的教育观念，强调教育最重要的是培养学生能够适应变化和学会学习，同时教育中的人本化强调学生要有独特的人格特征，是充分发挥作用的自由人。同时，他强调教师应该尊重每一个学生，无论在思想上还是在情感上都要与学生产生思想共鸣，以此来实现最理想的教育结果。

总之，西方现代人本主义教育理论从"人的本性"出发，要求教育给受教育者更多的关爱，更重视受教育者的情感生活和人的尊严，通过给受教育者提供一种良好的促进学习和成长的气氛，使每个人达到其所能及的最佳状态，有利于每个人能够找到与真正自我更加适合的学习内容和方法，从而让受教育者感受到学习的快乐，提高受教育者学习的积极性，帮助受教育者逐步达到"自我实现"。这些人本主义教育理念关注的重点在于教育需要聚焦人，要求我们能够顺应人的客观发展规律，学会尊重人的个性，充分发挥人的潜力。这些思想理念都为我们研究绿色教育提供了理论基础，其精神内核中有很多有价值的成分，可以供我们借鉴，其合理性主要表现在：鼓励受教育者积极主动地学习，注意激发受教育者兴趣，尊重受教育者的自我选择，发挥受教育者潜能，让受教育者实现自我价值等。这对改造我国传统教学中受教育者被动学习、机械练习、缺乏学习内在兴趣等现状无疑具有积极意义，值得借鉴。但是西方人本主义也并非完全合理。其一，就人本主义自身来说，存在一定缺陷，主要表现在对非理性的追崇。人本主义倡导非指导性教学,可能会陷入放任自流,教育中对人本主义理解不透、把握不好,很容易滑向个人主义、自由主义。其二,西方的人本主义教育思想产生于西方"个人本位"的文化传统,倡导个人主义,非常强调个人价值的实现,而我国自古以来强调"社会本位",这使其在教育实践中缺少适宜的生存土壤,不适合简单套用。

2.人本教育的主要观点

近几十年来,人本主义教育理论通过在学校进行的教育实践和理论研究,取得了许多重要的成果。为了满足社会急剧发展的需求,人本主义理论提出需要建立一种新的教育模式,培养"丰满的人性""全面发展的人"。其主要观点为:

(1)目的观

人本主义教育思想强调教育的目的是促进人的个性发展,重视人的价值,强调受教育者的主体地位,追求人的个性、人性、潜能的发展。许多人本主义教育家认为,教育的根本目标是帮助发展人的个体性,帮助人认识到自己的独特,并最终帮助人实现其潜能。由于个人经验和体验的不同,每个人都有差异,因此,人本主义教育尊重人的个别差异和个人价值观,认为教育和教学就应该使受教育者发展得更像其自己,而不是相互类似。

(2)课程观

课程观是一种理解教师课堂实践思想的理念,影响课程主体对课程目标、内容、教学方法进行评价。人本主义教育把课程的重点从教材转向个人。以往的课程内容都是首先由专家对课程内容进行精心设计,非常注重课程内容结构的合理性和分解性,但在教学中忽略了学生作为人具有强烈的个性特征和心理特征,最终知识分解导致学习内容分散,使学生难以从整体角度把握知识。人本主义理论强调教学过程中学生的主体作用,强调促进学生的知情统一、协调发展。因此,人本主义教育提出课程的"统合"观:一是学习者心理发展与教材结构逻辑的吻合;二是学习者情感领域与认知领域的整合;三是相关学科在经验指导下的综合。"统合"强调知识的广度而非深度,关心知识的内容而非形式,从而弥补了传统课程的不足。

(3)师生观

以学生为中心进行教学成败关键在于教师,在于教师能不能为学生创造一种自由的学习氛围。而这种氛围的实质则是师生关系。师生关系是一种特殊的人际关系,在这种关系中,教师不再是传统教育中的权威、管理者、控制者、组织者,而是学生学习的促进者。学生是教育的对象,是不成熟的群体,通过教育教学活动,可使其得到不断的成长并走向成熟;但学生又是一个充满情感、活力、个性的生命体,他们在人格上、地位上,与老师是平等的,学生和学生之间的人格、地位也是平等的。所以,人本主义教育提出教育者和受教育者都要转变自己的角色,形成一种民主平等的全新师生关系。每一个受教育者都是一个独立的个体,是具有自己感情的独特的人,不是知识的接收器,而每一个教育者不是知识的权威,而是学生学习道路上的帮助者和激励者。

(4)教学观

人本主义教育强调,在教学中,受教育者应该处于主体地位,教学应该以学习者为中心,尽可能满足学生的各种需求,充分发挥学生的潜能,使他们能够积极主动地学习,以培养德智体美劳全面发展的人。在开展教学活动过程中,树立以"受教育者为中心"的思想,让学生真正成为学习的主体。在具体教学方式上,强调尊重学生之间的差异性,应尽可能采用个别化的教学形式,促进学生个性的形成。

3.绿色教育中以人为本的实践原则

(1)以具体的人而非抽象的人为本

要真正把以人为本落到实处,为避免把以人为本变成一个空洞的口号,需要我们始终用一种具体而非抽象的眼光来看人,不能离开人的实践活动而空谈人性,这也是马克思主义所坚持的一个原则。人本主义教育为了实现人对"终极意义"的追求,对自我理解的关心和人的价值的关怀,强调人的情感体验以及受教育者的主观世界、内在世界的发展变化,把受教育者当作一个有个性的、活生生的、有生命价值的生命体,充分挖掘主体的内在需求、主观愿望、动机和情感,从满足主体生存需要的角度来开发其学习潜力。

(2)集体人与个体人相结合,最终落实到个体人

我国的文化传统信奉集体主义价值观,强调集体的利益高于个人。然而,如前所述,这种传统容易忽视个体人的价值需要。现代教育提出以人为本,不仅继承了集体主义价值观的优良传统,通过集体的凝聚力把个体团结起来,形成集体的细胞,体现集体的发展离不开每个成员的努力;同时又重视个体的人,认为只有在每一个人的正当利益、合理需要得到满足的基础上,集体的价值才能更好地实现;集体是个人生活和工作的依靠,个人是集体的构成要素。

(3)认识到以人为本不等于以学生为本

把以人为本等同于以学生为本是一个认识上的误区,二者不能简单地画等号。这种观点可能缘于一种学校教育的"消费主义"。在消费主义思潮影响下,人们从以往更关注事物具体实用的使用价值,到现在更关注其与象征意义相关的符号价值,是随着市场经济的推进和人们思想的解放而开始盛行的,认为学生交了学费,就是知识的消费者,是顾客;教师则是服务者,应该尽自己所能为学生提供服务。这是用商业逻辑来看教育,把师生关系演化成一种缺失了生命交流的、纯粹的知识买卖关系致使二者的关系逐渐疏离化。在这种教育情境中教师权威很难成为一种对学生成长和成人产生深远影响的教育力量。

2.1.3　生态后现代主义思潮

后现代主义是 20 世纪六七十年代以来,伴随西方国家在经济、科技、文化诸方面的新变化所产生的一种新的社会文化思潮。后现代主义反对理性中心主义、自我中心主义和机械还原、二元对立的思维方式,倡导整

体有机、多元共生的思维方式,以及与自然和谐相处、向他人开放、关注弱者和边缘群体、人与人之间平等等价值观念。后现代主义思潮并不是一个统一的流派,大致可以分为激进型和建设型两派。激进的后现代主义以批判、否定、反传统为特征,对现实怀有一种悲观态度,批判多于建设,可谓"破大于立"。鉴于此,激进的后现代主义不适合作为绿色教育的理论基础。建设型后现代主义倡导开放、平等,注重培养人们倾听他人,学习、宽容、尊重他人的美德,鼓励多元的思维方式,倡导对世界的关爱,对过去和未来的关心,提倡对世界采取家园式的态度。生态后现代理论是建设性后现代理论的重要内容,在反对中包含肯定,在批判中包含赞许,事实上是在面对现代性的时候所采取的一种更为包容的心态,是在辩证否定现代性的同时,不断自我完善且更为健康和谐的一种后现代理论。从这些思想中,我们深深体会到一种人道、和谐、关爱的态度,而这些也正是绿色教育所需要的。

1.生态后现代主义的主要内容

后现代主义流派从相似性角度来看,各种流派都对二元论和现代性的机械自然观持批判态度,认为正是这两种观念造成了人与人、人与自然之间关系的恶化,虽然机械主义观点有很多的积极意义,但其消极影响也很多,随着时代的发展,已经无法与现代社会的发展状况相适应;认为未来社会的发展需要寻找一种新的文化来替代这种传统落后的观点。而这里所指的新的文化观点则是后现代主义的观点,尤其是生态后现代主义者极力倡导的有机整体世界观。生态后现代主义理论主要包含以下几部分内容:

(1)倡导非二元论观

生态后现代主义的批判对象是单一的现代性世界观,认为二元论的错误在于它认为自然界是毫无知觉的,这种观点为现代性肆意统治和掠夺自然的欲望提供了意识形态上的理由;而机械主义自然观之所以应该批判,是其认为人是机器和物质的,从根本上消解了人存在的价值与意义。生态后现代理论极力倡导一种有机整体的非二元论观点,认为事物总是处于联系之中,任何事物都不可能孤立存在,世界是一个联系的整体,所以不能从孤立的角度看问题。在这种互相联系的整体论视角下,人与自然、肉体与灵魂、自我与他人之间便有了相关性,进而使真正的时代文化精神被赋予了"生态"性。

有机整体的非二元论源于怀特海的过程哲学理论。他认为每一个原初个体都是一个有机体,所有的个体之间都有内在的联系。这种过程哲学一方面肯定了人的主观能动性和创造性,认为虽然人是宇宙中非常渺小的一分子,但在某种意义上,人所拥有的创造性却对世界有重要的价值。另一方面,宇宙是不断变化的,每一个实体都显现在每一个客体中。这就意味着自然中的一切实体都是生态的,而人是包含在自然中的,是可以在自然中显现出来的。建立在有机整体基础上的非二元论思想提出物质和意识是一个整体,两者是一个过程的两种不同要素,相互影响、相互促进,密不可分。此外,过程哲学强调自然规律的重要性,认为任何事物都有其发展的内在规律和存在价值,而且这种关系是遵循宇宙遵循规律运行的。过程哲学反映出事物既可以是客体,也可以是主体。任何事物从过去相互作用的总和而言,是一个由因果关系的"动力因"决定的客体,但同时从当前的自决而言,又是主体。从生态学角度来看,过程哲学的意义主要体现在人对动物、植物乃至整个世界的生态环境都负有道德责任,因此,我们现在实行的经济体制应该被重新定义为一个更加生态的体制,这样才能造福人类,对人类的未来负责。同时,这一理论也意味着,当人类社会与其他生命形式或自然系统进行有效合作,或当后者被限制在一定范围内时,人类可以为自己的生存预留空间,从而实现自身的繁荣,努力创造宇宙的整体活动圈。过程哲学旨在将以经济利益为主要目的的观念转变为一种关注生命共同体的文化,有助于形成一种更为生态的世界观。过程哲学的代表人物怀特海被认为是建设性后现代主义理论的创始人,该理论深刻影响了建设性后现代主义理论,并且以过程哲学为基础的有机整体理论对改变人的思维方式,建立新的生态世界观奠定了基础。

(2)生态女权主义

生态女权主义理论区别于其他后现代理论的重要标志,是其构成了生态后现代理论的核心。生态女权主义是生态运动与妇女解放运动结合的产物。20世纪70年代以来,许多女权主义者,尤其是生态女权主义者都认为环境问题是女性主义要解决的问题之一。法国女作家弗朗索瓦·德·奥波妮发表了两篇关于女权主义的文章,《生态女权主义:革命或变化》与《女性主义或死亡》,提出保护自己的地球需要女性行动起来的观点。这与其他女权主义者的观点一致,同样认为自然和女性有很多相似的地方,因而其关系也很微妙。她提出西方文化中贬低女性与贬低自然之间存在着某种历史和政治关系。生态女权主义认为女性更接近自然,而男性伦理的基调是对自然的仇视,这导致压迫与支配女人的社会心态,进而导致滥用地球环境的社会心态;地球生态危机和现代精神堕落的根源就是男性精神的单向度膨胀、女性文化精神的缺失、对女性的歧视和对自然的歧视。男性文化提倡以理性征服自然,"理性"在生态女权主义者看来,蕴含有"父权主义文化"的基因。正是在这种二元分立的格局主导下,理性把自然界视为自己的工具和实现自己欲望的场所,进而造成人与自然的矛盾日趋加剧,即"资本主义社会生态危机的根源就在于西方父权制文化中的男性主导原则扼杀了女性原则"。对此困境,生态后现代主义者认为,拯救生态危机的策略就是将女性文化精神重新注入整体文化精神中。

(3)反对经济主义

经济主义是一种在工业文明之后所形成的思想,认为社会体系中的首要价值即经济价值,经济价值决定国家乃至国家之间的政策,其他所有价值都要从属和服务于经济价值。经济主义对经济之于社会发展的主导力量深信不疑,一度是国家甚至个人的座右铭,引发世界各国之间的经济较量,经济也变成了衡量一个国家实力的重要标志。倡导经济主义的学者认为人是经济动物,从属于经济,由此可以得出,经济条件决定人的幸福与社会进步,人类的所有问题都可以由经济来解决,并且社会进步与经济发展有一致性,人们进而形成强烈的观念意识,认为经济可以决定一切。在生态上,经济主义表现为自然对于整个社会的价值,即自然是一种有待开发的资源,是为经济发展服务的,而人的意义就在于改造自然,征服自然,与自然做斗争。

经济主义思想一方面的确促进了人类生活水平的提升,但也为之后的发展带来了很多隐患。当今社会,消费主义就是经济主义的负面影响之一。消费主义最主要的表现就是多数人追求消费的体面性,渴望无节制的物质享受和消遣,最终造成无节制的消费,而在追求这种消费的过程中难免会造成浪费与挥霍,导致对于物质的消费与物质的实用价值相背离,造成人们世界观和价值观的扭曲。生态后现代主义者对经济主义展开批判,指出经济主义理论让人们追求与实现自己的贪欲,从而使得自然发展的客观规律变得无关紧要。在生态层面,经济主义思想就是人们为了自己无限的欲望和经济总量的增加去牺牲自然,置自然于不顾,将整个生态系统作为人们实现经济目标的重要砝码,这是现代生态危机形成的重要原因之一。

(4)对"人类中心主义"的否定

生态后现代理论是建设性后现代理论的一个重要分支。它对处理人类与自然之间的关系有重要的积极意义。该理论认为人类只是生态系统的一个重要组成部分,否定人类中心主义的观点。同时该理论认为,世界上的任何事物,既是客体又是主体,无一例外。因此,每个人都是整体中的一部分,人类只有投身到整个复杂的关系网中,才能体现价值。生态后现代主义理论的首要原则就是,如果某一种事物能够保护生物群落的完整性和稳定性,那就是正确的,否则就是错误的。该理论强调生态系统中的每一项活动都拥有其独特的价值。对于人类而言,人类将很多自身所知而其他物种所不能知道的经验融入地球中,例如人际关系以及人类特有的享乐特征,认为人类和其他物种之间并不存在竞争关系,协同共存才是整个社会应该追求的最终目标,我们完全可以构建一个既可以充分利用生态资源，又可以不破坏生态环境的世界。

（5）对激进后现代理论的批判

激进的后现代主义者受到了以斯普瑞特奈克为代表的生态后现代主义者的严厉批判，这也构成了生态后现代主义的主要内容。生态后现代主义认为激进后现代主义的最大缺点是排斥"真"，认为其"所有的知识建构都是虚构性的和非再现性的，一种未知的对于权力的意志隐藏在对真理的追求中"，"不存在稳定不变的统一的真"，实际上，对"真"的追求背后都隐藏着很多学者希望人类征服世界的期望。斯普瑞特奈克认为，虽然后现代主义认为绝对真理是不正确的，但是否定绝对真理是对的，而将真理本身也否定了则是不正确的。更重要的是，生态后现代主义认为激进的后现代主义仍然在现代性父权制度统治的思想中，没有被解放出来。"激进的后现代主义通过将肉体看作一个充满权力侵犯的无知无觉的容器，一个不可靠的甚至奸诈的通敌者，而继续不信任和贬低肉体的父权制工程"。这些思想与后现代主义理论的内涵极不一致，导致激进后现代主义不能成为后现代主义理论的支柱。尽管激进后现代主义存在一定的积极意义，但是其缺点也不容忽视，生态后现代主义者认为要在激进后现代主义的原有思想基础上对其进行进一步的补充和完善。

2.对生态后现代主义的评价

生态后现代主义之所以被为人所道，是因为生态后现代理论倡导了一种纯粹的生态世界观和彻底的生态主义精神。它在评价人的精神和思想陷落与现代性危机时并不会完全对其进行批判，而是一方面对其进行批判，另一方面也在积极寻找解决办法，提出自己认为合理的主张，建立自己的理论。生态后现代主义强调的价值观与以往理论强调的价值观有所不同，它认为人们应该追求崇尚自由的精神，同时应该树立一种有机整体的世界观，把自然界和人类看成一个密切联系的整体。这有利于我们从根本上转变思维方式，使社会朝着更加和谐的方向转变，从而达成一种共识，即所有存在通过宇宙之链联系在一起，而且本质上其构成已内在于与他人的关系中。生态后现代主义虽然在揭示人类文化精神的偏执和失衡方面有一定的深度,在批判由此引发的现代性危机方面也提供了很多新的思路和创见,但仍有许多不足之处。例如,西方理性传统把男性象征等同于精神超越,把女性象征等同于自然。正是由于这种女性精神的缺失和男性精神的单向扩张,致使现代性危机爆发。在文化精神中还原女性文化符号有助于人们走出生存困境。

总之,生态后现代主义的积极意义,有助于将有机整体的观念融入人们的生活中,从而帮助我们解决现代社会所面临的生态危机,对于实现世界和谐有着重要的意义。

2.1.4　中国传统文化精髓

1.和文化

和谐精神从古至今都是人们不断追求的目标,也始终是维系国家与国家、社会与社会、个人与个人之间关系的重要精神纽带,有利于形成良好的人际关系,保持社会稳定,实现国家的长治久安。我国有很多关于和谐思想的论述,例如“和为贵”“君子和而不同,小人同而不和”“和实生物”等。古人所倡导的构建“大同社会”正是和谐思想,该思想不仅是我国优秀的传统文化,也是中华民族重要的价值取向与行为准则。孔子“因材施教”的教育方式背后的主导思想,即引导学生无论是在做人还是行事方面都要保持和谐的思维,不仅反对“不及”,还要反对“过”。

2.天人合一

古代的“天人合一”思想是绿色教育的哲学起点。“天人合一”强调人与自然、人事与天道的统一与协调,这同马克思主义经典作家关于人与自然的统一性,人应该尊重事物发展的客观规律的论述,在本质上是一致的。马克思曾经指出:“文明如果是自发地发展,而不是自觉地发展,则留给自己的是荒漠。”正如马克思和恩格斯指出的,我们这个世纪面临着两大变革,即人类同自然的和解以及人类同本身的和解,也就是社会发展最终要实现人的全面发展和人与人、人与自然的和谐。柳宗元在他的《种树郭橐驼传》一文中提出了种树的"八字方针":"顺木之天,以致其性。"其中的"顺木之天",就是"人道"与"天道"两者的和谐统一,"无为"与"自然"的一致,是顺应树木生长的规律来种树。"以致其性"就是让树木的本性得以健康地实现,常绿不衰。那么,教育通过"顺人之天,以致其性"来培育人才,需要在充分考虑社会发展的前提下,按照教育的自然规律办事。

3.道德思想

我国古代的教育非常注重对于人们伦理道德的培养,即实现"人伦之理",这与西方传统教育注重自然科学的教育内容极其不同,更强调国家为政以德、实施仁政,注重社会的稳定,同时要实现人与人之间的和谐道德伦理关系。伦理道德的思想反对功利主义,认为建立在高尚道德情操之上的发展才是正确的,功利主义将人的发展建立在利益之上的观点是不对的。我国古代文学中所提及的"圣人""君子"等都是用道德准则进行定义的。但是社会环境的变化,使得功利主义思想也渗透到教育领域中,学校的教育并不是为了促进学生的全面发展,而是一味地将知识灌输给学生,为了提高学校的升学率和绩效,教学中忽略了学生思想道德的培养。优秀的道德精神有利于帮助学生形成良好的道德品格,一方面可以弘扬传统伦理道德观中有助于实现人与人、社会与社会、国家与国家和谐发展的思想;另一方面有助于摒弃现代教育中功利主义思想,这也是绿色教育所追求的。

4.古代朴素的可持续发展观

可持续发展思想在我国古代著作中早有体现,例如,《吕氏春秋》《礼记》和《齐物论》等著作中都体现了我国古代朴素的可持续发展思想。两千多年前的春秋战国时期就出现了为实现可持续发展而不伤害正在孕育时期的鸟兽鱼鳖的思想。如年幼时的孔子虽然家境贫寒,但是他在捕射过程中,将"钓而不纲,弋不射宿"作为自己的首要原则,避免生态资源出现代际矛盾问题;管仲指出"春政不禁则百长不生,夏政不禁则五谷不成"，这种永续发展的思想主要体现在农业生产领域，是可贵的朴素可持续发展思想的闪现。西周王朝则强调需要对人口居住环境进行考察。

2.2　绿色教育的内涵

2.2.1　绿色教育的特点

通过上述教育思想溯源可知，绿色教育建立在遵循教育发展客观规律的基础之上，实现教育者和受教育者彼此互动、自主成长，兼顾个体与社会、环境、人文可持续和谐共生的教育理念和方式的传播与应用过程，具有创造性、生命性和生活性。

1.创造性

著名的德国教育学家斯普朗曾说："教育的最终目的不是教授已经存在的东西，而是引导人的创造力，唤醒人的生命和价值意识。"马克思也曾提及："教育不仅仅是文化传播，教育之所以为教育，因为它是一种人格和灵魂的觉醒。"仅依靠教师来引导这种外部刺激是不够的，因为它不会持久。教育的核心在于觉醒，而觉醒需要创造。从我国教育现状来看，存在抑制学生的倾向，导致学生缺乏生机和活力，缺少对智慧的挑战和好奇心的激发。学生们一旦得到更多的信任和期待，内在动力就会被激发，会更聪明、能干、有悟性。教育的生命力源于创造力，反对灌输和强制，这就需要教育回归到对受教育者天性、喜好、需求的关注，从而更好地发挥教育之于受教育者的引导作用，为受教育者提供自主完善的环境和契机。绿色象征着生命，绿色教育的创造性则要求尊重学生的发展本质和新时期教育的要求，它在过程上的生命力和创造力是实现学生可持续发展，使其适应社会及新时代发展的必然要求。绿色教育一方面提倡教育者运用智慧启迪思维，注重受教育者创造力的培养，充分体现新时代受教育者的个性;另一方面,绿色教育是一种可持续的教育,强调要培养受教育者的创新思维,营造一个合适的成长与教育环境。

2.生命性

从根本来说,教育是一个育人的过程,因此其活动离不开生命的基本特点。现代教育的目标之一是塑造和引导人的灵魂,并使其获得滋养。受教育者接受教育是为了自我生命的活力与心智的卓越,避免个体心智的平庸与个体发展中的自我封闭,从而激活生命的不懈怠的意义感和成长感。教育的意义是唤醒受教育者真善美的天性,并在未来的前行道路上树立起正确的价值观,更好地帮助受教育者持续探索和成长。绿色教育强调以生命为基础,因此在教育过程中,不应扼杀和抑制受教育者的天性,而是要细心呵护和不断滋养,使受教育者这一生命体从精神层面到价值体系都得到充分的浇灌,这是教育的另一个重要目标,是对生命的滋养和灌溉,使其茁壮成长。现代教育往往强调知识教育,容易忽略其初衷是培育人对待事物的基本生活态度,以及应对外部世界的方式,进而出现拔苗助长,人为忽视个体生命的成长需求,一味地灌输知识和信息,导致学习效果事倍功半,严重妨碍了受教育者的成长。绿色教育更聚焦于受教育者成长的基本规律,注重对受教育者生命意义探寻的积极引导,允许受教育者关注自身发展和成长体验,尊重受教育者的内在情感体验。绿色教育赋予生命价值新的内涵,遵循天人互动、生死轮替的自然规律,强调生命返归纯善纯真的天性,返归敬天的传统。在自然、循序的成长过程中,发现、引导、壮大受教育者的天赋才华,感知、捕捉、强化其天赋使命,挖掘、培育、提升其解决现实问题的能力,有效发挥其才华、使命、能力的最大价值,拒绝强行灌输、魔鬼训练、勉为其难,注重分门别类、因材施教、顺势利导。

3.生活性

美国教育家杜威说过,教育即是生活。我国著名教育学者陶行知先生也是生活教育的倡导者,奉行将教育融入生活和社会环境,强调教育与生活的不可分割性,认为生活和社会也是教学的一部分,不能予以分割处理。绿色教育强调生活环境同教育的交互性,倡导教育需要以生活为本源,回归生活,不仅要教育学生保护人类赖以生存发展的环境,而且倡导结合生活实际,以学生的生活实践为根本的出发点和落脚点,实现知识生活化的良性循环。企业教育亦是如此,企业的绿色教育应该与社会的发展相结合,以国家的方针为基础,形成自己企业独有的绿色文化以及绿色发展战略,同时要与其他企业进行交流与合作,充分利用其他企业的优势,并结合自己的优势,培养自己的核心竞争力。政府部门也应该发挥自己的主导作用,深入群众,广泛调查民情民意,了解公众需求,从而提出有利于社会发展的措施。

2.2.2　绿色教育的主要内容

绿色教育与农业和工业式教育有很大的不同。这首先体现在其教育理念的独特性,即"绿色"二字。从绿色出发,可以抽取出五部分内容作为绿色教育的核心要素:科学、人文、健康、和谐共生、可持续发展(图 2-1)。这五个核心要素的提取,既来源于绿色教育定义中的关键词,也是绿色教育的理论基础。从定义上来看,科学主要指遵循科学规律;人文指教育应该实现以人为本,当然,在绿色教育的方方面面,科学与人文是有机联系的;健康指人的身心健康,在企业层面,指企业内部各组织机构的健康发展;和谐共生是指人与自然、人与人以及人与自身的和谐,重点强调人与人的和谐,体现在学校方面是指教育管理者、教师、学生、家长和政府五者之间实现和谐共生的状态,在企业层面指员工、管理者、竞争者和政府等利益相关者共同发展;可持续发展是就绿色教育的目标而言,主要是学校、企业和政府发展最终追求的目标,如果健康、和谐共生是从静态来看绿色教育的状态,那么可持续发展就是绿色教育在动态方面所要实现的目标。从理论基础来看,这五个要素都可以在思想基础中找到相关依据:和谐共生、可持续发展的理念是从生态后现代主义与教育生态学理论中提炼出来的;健康与人文的理念可以视为生态学和人本教育理论的交叉;

科学理念则主要强调遵循规律,这包括生态学原理中提到的科学规律。这五个要素共同体现了绿色教育的主要内容。

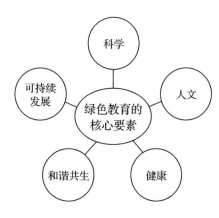

图 2-1　绿色教育的核心要素

1.人文

杨叔子院士指出:"什么是人文? 是要满足个人与社会需要的终极关怀,是要关心个人、社会、集体、民族、国家、自然界,是人的精神世界的需要,是人要成为一个人的精神需要。人文要解决的问题是应该是什么、应该怎么做,是求善。人文就是为了人能成为一个对社会负责的人。"在以上对人文的解读中,出现最多的词语是人、个人、社会。教育中人文主要解决的问题之一是如何看待教育、个人与社会三者的关系问题,即教育的目的主要是要满足社会需要,促进社会发展,还要满足个人发展的需要。教育的研究对象是人,教育的功能是培养人。绿色教育有别于传统的应试教育,应试教育中强调认识工具,不尊重人的主体性,但是绿色教育认为人是活动的主体,教育的终极目的则是人的全面发展。教育系统的人文性就表现在教育要实现以人为本,要将真正尊重人的生命和价值,树立人的地位等理念渗透到整个教育活动过程中。

教育的价值取向不仅强调要充分关注个人与社会之间的关系,更要对两者之间的价值尺度进行衡量。

因此，人们需要转变人本主义思想观念，从而明确人在教育中的重要地位。人应该是活生生的、有价值和灵性的自由个体，不应该被看作被压制和加工的工具。无论是教育内容的编制，还是教育方法的选择，抑或是教育的价值取向，都需要将人从社会桎梏的牢笼中解放出来。这种思想并不是强调只重视人的个性发展，而忽视了整个社会的发展，因为不管是"个人本位论"还是"社会本位论"，都有各自的缺点，两者兼顾才能够促进社会的和谐发展。而绿色教育正是与这一发展理念相适应，在强调社会发展的基础之上，没有忽视每一个体的发展，认为个人与社会两者是息息相关、相互促进、共同发展。一方面，个体的发展是整个社会发展的动力和源泉，社会的发展依赖于每一个体的发展，如果没有个体发展的推动，整个社会就不可能前进。另一方面，社会的发展为个人的发展提供了前提。如果没有社会创造的良好环境，个人的发展也就失去了成长的土壤。所以只有协调好个人和社会两者之间的关系，才能使个人的价值充分发挥，社会实现良好发展。

另外还需要注意的是，绿色教育注重以人为本，实现人的充分发展，但是以人为本中的人不是整体意义上、抽象的人，而是现实的、具体的人。传统意义上，我国强调的以民为本内涵更多指的是整体意义上的人，这种思想观点在维护社会团结、凝聚社会力量等各个方面都发挥着积极的作用，迄今也拥有重要的价值。但是这种整体意义上的人却忽视了个人个性的发展，这就需要根据个人发展的客观规律，适时地对这一概念中的"人"的本质内涵进行更深入的挖掘和拓展。人不仅是社会现实中的人，更是实现自我价值的主体，自我价值的实现需要建立在社会关系的基础上，没有社会形成的良好环境，个人的价值则无法实现。绿色教育就是对传统教育思想中关于人的概念的调整和改进，人文理念则是建立在人是具体的人这一理念基础之上，强调教育应该关注个体身心发展的客观规律以及成长规律等，从而实现对个体发展的引导，逐渐形成每个人的个性，并注重个体自觉性的发挥。同时，人文理念认为人不仅拥有作为自然人本身所具有的自然属性,同时也拥有作为社会人所具有的社会属性,还拥有既不同于自然属性又不同于社会属性的思想或精神属性。只有正确认识人的各种属性并且结合社会发展的特点,教育才能充分发挥它的时代价值。

2.和谐共生

辩证唯物主义认为矛盾具有普遍性,事事有矛盾,时时有矛盾。和谐是一种共存共生的辩证关系,指的是事物之间拥有相对均衡的力量,会形成相辅相成、相互促进的平稳状态。和谐思想历来就是中华民族优秀传统文化,无论是强调"和而不同""和为贵"的人与人之间的和谐,还是"天人合一"的人与自然和谐,还是"安身立命"的个人自身的和谐,都体现了古代人民对于和谐美好生活的向往,对中国古代社会和谐稳定具有积极意义。中华人民共和国成立以后,提出了要构建和谐社会,将和谐纳入社会主义核心价值观和我国的一个重要价值追求,这不仅是对中华优秀传统文化的批判继承,也是将马克思主义和谐社会思想与中国具体实践结合的产物,有助于中华民族实现伟大复兴。绿色教育理念基于和谐的思想,将教育思维建立在中华优秀传统文化的基础上,强调教育应该实现人与人、人与自身以及人与自然的和谐相处,摒弃功利性,真正实现人的全面发展。

(1)人与自然的和谐

人是社会的一个重要组成部分,与自然之间的关系是辩证统一的。自然为我们提供了赖以生存的基础和条件。中国历来就有保护自然的传统,例如儒家思想强调天人合一,从伦理道德角度认为人和自然是和谐统一的,强调人们需要遵循自然发展的客观规律,顺应自然。但随着西方资本主义社会的出现,人们为了追求经济利益的最大化而破坏环境,形成了功利主义和人类中心主义等思想,忽略了自然原有的客观规律,人类以强者的身份统领并企图征服自然。但是无条件地向自然索取,最终结果必然会导致人与自然发展失衡。恩格斯曾指出:"我们不要过分陶醉于我们人类对自然界的胜利。对于每一次这样的胜利,自然界都对我们进行报复。"现实的发展也验证了恩格斯的论断。工业化进程的不断加快,人们对于自然环境的索取更加贪婪,自然环境状况不断恶化,人们的生活质量也受到了影响。这些消极影响逐渐引起了人们的广泛关注,人类开始重新审视人与自然之间的关系,强调生态环境在社会发展中的重要地位。为了应对环境问题,出现了诸如环境教育、可持续发展教育和绿色教育等理论思想,相关理论仍然在不断拓展。在绿色教育中,关于人与自然和谐的探索分两步走。首先,要传播绿色教育理念指导实践。在倡导绿色教育理念时,可以对受教育者进行生态环境教育,让他们对目前的环境状况有所了解,使他们能够辩证地看待人与自然之间的关系,掌握环境保护的相关措施,用绿色理念来指导人类行为。同时,绿色教育需要付出实际行动。和谐理念不仅要记在心里,更要体现在行动上,将认识自然、了解自然、保护自然的观念与社会实践紧密联系。

(2)人与人的和谐

人是自然的一部分,也是社会关系的产物。人与人之间相互联系、相互影响,谁都不可能独自生存。马克思指出:"人的本质不是单个人所固有的抽象物,在其现实性上,它是一切社会关系的总和。"马克思所指的社会关系中最为关键的是人与人之间的关系,具体表现为不同群体之间、不同个体之间,以及个体与群体之间的相互关系。经济主义理念的盛行,使社会形成了唯利益论的观念,既导致了人的异化,也造成了包括人与人关系在内的各种社会关系的异化,造成受教育者、教育者之间不平等的关系。绿色教育倡导教育者和受教育者之间是平等的关系,提倡打破教育者的权威,建立平等、民主、对话式的关系。教育者和受教育者应该是人格的平等,不是知识和地位的平等,在教育过程中,应该注重教育者的主导地位。

(3)尊重个体差异

由于每个人所处的现实环境不同,每个个体都有自身独特的个性,不能用工业化的思维对待每个人,更不能用统一的衡量标准对待不同的个体。绿色教育要求我们尊重个体之间的差异,并在此基础上开展教育。和谐理念的内涵并不是强调千篇一律。和指的是多种因素或元素的冲突融合,而不是同一种因素或元素的相加。这是一种多元化的价值理念,和谐的绿色教育尊重差异,充满活力,是教育系统内部要素与要素之间或者内部要素与外部系统之间的辩证关系的体现。

3.可持续发展

从古至今,人类赖以生存和发展的基础都是自然界。但是从工业革命时期开始,人类不断加大对自然的开发和利用,无节制地索取,导致自然资源日益匮乏,生态环境不断恶化。全球气候变暖、冰川融化、生物多样性减少等生态环境问题不断影响着人们的生活质量,在这些巨大挑战面前,人们逐渐意识到自然界对人类社会发展的重要意义,加强对生态环境的研究和保护,可持续发展思想应运而生。中国也不断重视生态环境问题的研究,2003 年胡锦涛总书记提出了科学发展观,2015 年习近平总书记提出了"创新、协调、绿色、开放、共享"的五大发展理念等重要的发展论断,逐渐形成了具有中国特色的可持续发展道路。可持续发展的本质内涵则是要努力把握人与自然之间的平衡,寻求人与自然之间关系的合理性,除此以外,还要实现人与人之间的关系协调,这是可持续发展的核心。可持续发展追求的目标是永续发展,即在满足当代人需求的基础上不破坏后代人对于资源的需求,实现发展机会的公平。可持续发展不仅仅表现在自然与环境方面,目前已经渗透到其他领域,发展成为适用于所有事物相互联系的综合概念。绿色教育中可持续发展的概念主要体现在以下几个方面:

(1)可持续发展是关于人的发展

可持续发展涉及的首要问题是发展的主体问题,即谁的可持续发展。不管是保护自然环境、促进经济的增长,还是构建和谐社会等,最终目标都是为了人的全面发展服务。所以,绿色教育中可持续发展关注的发展主体是人。例如,在学校教育中,教师和学生都是可持续发展的主体,教师的可持续发展表现在成长、成熟,学生的可持续发展体现在成人、成才。以往的教育更加关注较高的升学率,忽略了教育本应该是为了人的全面发展而服务的,降低了人的主体地位,使人的价值难以得到充分发挥。绿色教育中的可持续发展教育提倡人的可持续发展,将人从社会桎梏中解救出来,强调关注和关心人,最终要达到发展和解放人的目标。第二个问题是发展。人的发展具有无限潜力,需要充分有效地发挥;可持续发展的当前和后续并非是两个截然对立的范畴,也不是此消彼长的关系,而是具有继承性的关系,强调后续发展以当前发展为基础。所以,可持续发展中的"人"和"发展"的关系是相辅相成的。

（2）可持续发展的可持续性

可持续发展中的可持续性是指在满足当代人的需要并且不毁坏生态环境的基础上,又不破坏后代人满足其需求能力的发展。需要强调的是,可持续发展并不是指完全不开发资源,将所有的发展机会都留给后代,其核心并不是当前的发展与后续发展之间如何平衡,而是前者的发展如何为后者的发展奠定基础,并为之提供源源不断的发展动力。在环境方面,绿色教育强调的是现在的行动不影响明天的发展,特别注重环境和自然资源的承载力对发展进程以及生活质量的重要性。就教育内容而言,可持续发展的可持续性是指人的可持续发展。邓小平关于教育的三个面向就是"教育要面向未来",不能用静止的眼光看待学生的发展,教育要引导学生不断超越现实。教育不仅要关注现实的、当下的教育状况,更要思考可能的、理想的教育生活是什么样。

绿色教育强调以未来的发展规范现在的行动,同时又能为明天的发展提供可能的空间和条件,特别注重环境和自然资源的承载力对发展进程以及生活质量的重要性,努力寻找解决当前发展与后续发展平衡的具体实现路径,最终指向人的全面发展。

4.科学

科学主要研究、认识、掌握客观事物及其规律,符合客观实际办事,解决"是什么""为什么"等问题,是求真。绿色教育概念中的科学从教育内容、教育对象以及教育自身发展三个方面来考虑,分别指对学生进行科学教育,尊重人的身心发展规律,遵循教育教学规律。

(1)对学生进行科学教育

对学生进行全方位的教育,首要任务是教给学生科学技术知识。中国古代教育的课程内容选择多是以四书五经等人伦道德教育为主,自然科学知识长期被正统教育排斥在教学内容之外。尽管中国古代的科学在有些领域取得了很大的成就,如四大发明等,但由于中国古代自给自足的小农经济占据主导地位,自然科学缺少实用基础,最终导致科学教育没有进入教学内容。直到五四运动提出我们需要科学和民主,科学的重要性才不断凸显。改革开放时期,邓小平提出科技是第一生产力的重要论断,科学与生产的关系越来越密切。其次,科学还强调培养科学的思维和科学的方法。科学的思维主要体现在严密的逻辑。受经验主义传统的影响,我们很少形成科学的思维。同时,多年来,中国实行文理分科教学方法,分科在一定程度上禁锢了人们的思维,影响了学生的全面发展。所以需要对科学的方法进行研究,加强文理科之间的互通,培养复合型人才,提高学生的创新能力。

(2)尊重人的身心发展规律

从教育者角度和教育方法层面而言,科学体现在科学施教、遵循教育规律。这一理念应当渗透到教育教学的方方面面。人们常说,教育是一门科学,也是一门艺术。教育遵循客观规律,在宏观上,有教育与社会、经济发展的规律;在中观上,有学校管理、学校建设的规律;在微观上,则有课堂教学的规律、学生身心发展的规律、育人的规律等。当我们说"顺木之天,以致其性"时,就是说教育要尊重受教育者身心发展的规律,根据受教育者的年龄、心理和认知等,将科学理念融入教学活动过程中。对于教育者来说,为了充分调动教育者自身发展的热情,需要对教育者个体教学能力和心理特点进行研究,充分遵循教育者的发展规律,促进其教学能力提升。

（3）遵循教育教学规律

目前教育还存在很多问题,主要原因在于忽视了教学自身发展的客观规律。历史唯物主义提出,经济基础决定上层建筑,在不同的时代,教育的发展应该与社会生产力发展水平相适应,才能使教育发挥应有的价值。绿色教育强调相关的教育政策的制定和实施要充分考虑社会环境状况,并且对教育资源等进行有效评估,选择适合自身发展的政策,不能仅仅为了实现某一个功利性的目标,做出不符合教育发展规律的行为。

5.健康

绿色教育的第五个核心要素是健康,主要指人的身心健康。这可以从人本主义心理学家马斯洛的"需要层次理论"中得到启发。马斯洛于1943 年在《人类激励理论》中提出:人有五种需要,从低到高分别为生理需要、安全需要、归属和爱的需要、尊重需要和自我实现需要。一般来说,五种需要像阶梯一样从低到高,按层次逐级递升,只有在较低层次的需求得到满足之后,较高层次的需求才会有足够的活力驱动行为。五种需要可以进一步从等级上分为两类,低一级的需要包括生理、安全需要和归属需要,可以通过外部条件的实现得到满足;高级需要则包括尊重和自我实现需要,需要通过内部条件的实现才能得以满足。人们对于尊重和自我实现的需求是没有止境的,所以导致高级需求难以得到满足。但是人的需要在同一时期可能有多种,占主导地位的只有一种,需求决定动机,动机产生行为。无论是哪种需要都不会因为更高层次需要的发展而消失,高层次的需要发展后,低层次的需要仍然存在,只是对行为影响的程度大大减小,但是各种需要仍然是相互重叠的,不会消失。应用到教育学中,身体健康是为了满足受教育者的生理和安全上的需要,如果它得不到满足,将会直接抑制对高级需要的追求,心理健康可以满足受教育者归属和爱的需要、自尊的需要以及自我实现的需要的。

无论是对于个人还是社会发展,健康都具有重要作用。随着医学技术的发展以及人们思想观念的改变,人们的身体健康水平都有了很大的提升,但在身体健康素质改善的同时,还有很多其他问题。就学生而言,在沉重的学习负担和生活负担下,学生的体质变差,心理素质偏低。对于上班族来说,也是如此,患职业病的概率增加,例如颈椎病、腰椎病等。所以,绿色教育一方面注重人的身体健康,提倡人们应该加强体育锻炼,了解更多的身体健康常识、自救知识等。另一方面,绿色教育也关注人们的心理健康,倡导人们形成良好的心态,心理健康和身体健康同等重要。所谓健康的心态,主要包括以下几个方面:一是乐观,教育是充满阳光的事业,需要教育者保持积极乐观的心态开展教育活动,受教育者保持主动积极的心态学习知识;二是宽容,绿色教育是人性化的事业,需要教育者具有以人为本的理念;三是责任,无论企业、学校还是政府都应各司其职,承担起自己的责任,为社会的绿色发展做出自己的贡献。

2.2.3 绿色教育的思维方式

人与动物的一个区别就在于人具有思维。思维是一种发生在人脑中的,与人类社会实践密切相关的精神活动。思考的过程是人们了解、改变世界的过程,因为每个主体的先天和后天环境都不同,思维方式以及最终的实践活动都存在差异。辩证唯物主义认为,认识来自实践,人们从社会实践中获得感性认识,然后又从感性认识上升到理论认识,再用理性认识指导人们改造世界。认识和实践之间的关系是辩证统一的,一方面,实践是认识的来源,认识是实践的产物;另一方面,思维方式是对精神产品的拓展和延伸,直接影响着人们认识世界和改造世界的过程和结果。所以说,思维不仅是一种手段和精神实践,更是思想在一定阶段和程度上的反映,是人们实践活动过程与结果的统一。目前,绿色发展理念已成为当代中国社会的基本理念。它虽然是为了解决生态环境问题而提出,但并不局限于生态环境领域。在教育领域中,我们同样需要学习绿色发展理念的基本含义和总体思维方式,将其与教育的实际发展情况相结合,形成自身特有的发展方式。在《五大发展理念——创新 协调 绿色 开放 共享》这本著作中,绿色发展的五大思维方式包括"系统思维""法治思维"

"底线思维""创新思维"和"问题思维",这五大思维方式有助于我们顺利开展绿色教育实践,理顺绿色教育思路,同时有助于我们形成绿色教育的思维方式。教育是社会的一个子系统,基于这五种思想,在教育领域形成绿色教育的批判性思维、创新性思维、底线性思维、法治性思维和整体性思维,从而促进教育生态的可持续发展(图 2-2)。

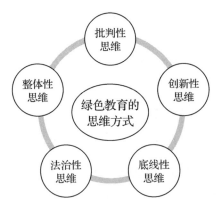

图 2-2　绿色教育的思维方式

1.绿色教育批判性思维

绿色发展理念是为了应对当前面临的资源枯竭、环境污染、气候变化等突出的环境问题提出来的新的发展理念,该理念要求我们要抓住教育发展中的主要矛盾,先解决现有的主要问题,再解决次要问题,同时在教育中学会用批判性的思维对待教育中的问题,辩证分析,不能完全肯定,也不能完全否定。

2.绿色教育的创新性思维

中华人民共和国成立以后,中国经济取得了飞速发展。但是飞速发展背后隐藏着很多问题,一方面我国经济发展主要依靠廉价劳动力和丰富的资源等条件,生产方式粗放,资源利用率低,在生产制造方面,缺乏生态环境保护意识,导致生态环境状况不容乐观,亟须转变人们的思维方式。绿色发展的创新思维一方面强调理念的创新,摒弃传统的先污染、后治理的思路,树立环境与发展齐步走的理念。另一方面,绿色发展的创新思维强调技术创新和产业升级。通过不断提高技术研发和资源利用的效率,加快产业结构升级,促进第三产业的发展。在传统教育模式主导下,教师向学生传授知识,学生仅仅是知识的接收者,这就导致教师将知识单向地传授给学生,但是学生的兴趣以及好奇心被压抑,失去了教学活动本应该有的活力。绿色教育领域的创新思维提倡教育活动需要转变教学模式,放弃单项式教学,实现教师和学生的双向互动,为学生营造良好的学习氛围,建立完善的教学体系,提高学生学习的积极性和主动性,不断地拓展学生的成长空间。

3.绿色教育的底线性思维

绿色发展理念强调在发展的同时考虑生态环境的承载力,一方面,强调在开采和利用自然资源时做到有效开发和利用,避免对资源造成不必要的损耗;另一方面,要加大对破坏生态环境行为的惩罚力度,禁止跨越生态红线,以维护国家和区域生态安全及经济社会可持续发展。实现绿色发展,我们必须坚持底线思维,把坚守生态底线作为发展中牢牢把握的重要原则,正确处理发展与保护的关系,才能守住自然生态安全边界。绿色教育的底线思维是指所有教育内容都基于实现人的全面发展。

4.绿色教育的法治性思维

绿色教育法治性思维是指在法治理念的基础上,运用法律逻辑分析和处理问题的活动和过程。目前,法治是我国治国理政的基本方式,教育领域也不例外。深化教育改革需要发挥法治的引领和推动作用,不仅要对公众进行法治性思维和方式的教育,还要将法治性思维应用到社会实践中,用法律规范人们的行为,不断完善教育制度,推动教育的改革,使教育能够始终保持绿色发展。

5.绿色教育的整体性思维

辩证唯物主义强调从系统和整体的角度看待事物,从宏观角度把握事物发展的总体方向。绿色发展理念将生态文明建设纳入五位一体的总体格局中,生态文明建设不仅要发挥重要的成员功能,还要与其他四大理念融为一体,共同发力,形成相互联系、相辅相成、缺一不可的关系。绿色教育也需要坚持整体思维作为实现绿色发展的助推器。

2.3 绿色教育体系

2.3.1 构建绿色教育体系势在必行

1.当前学校绿色教育存在的问题

(1)对学生全面健康成长关注不够

《国家中长期教育改革和发展规划纲要(2010—2020 年)》指出,要"关心每个学生,促进每个学生主动、生动活泼地发展,尊重教育规律和身心成长规律,为每个学生提供适合的教育"。但是,当前学生的身心健康状况并不乐观,校园生活品质有待提高。另外,在学生培养方面整齐划一,没有充分考虑到学生个性特长的发展。在家庭教育中,家长包揽了学生的一切事务,大到人生规划,小到阶段目标,学生本人几乎没有接触过,没有认真思考过,普遍缺乏自我发展的意识。

(2)课堂教与学的效果低效

虽然很多教师对绿色课程理念耳熟能详,但是对于绿色教育的本质内涵理解不够充分,很少能够真正落实到实践层面,没有找到能够将绿色教育理念贯彻实施的具体方法和策略。在课堂教学中,一些教师仅仅是刻板地完成教学任务,致使生动有趣的课堂教学成为"教教材"。认为教学只要完成了教材中的内容,就等于完成了积极教学任务,而不管学生知识的实际获得效果和具体实践应用。目前教学活动中,依旧存在有的教师在课堂上不敢轻易让学生合作学习、探索以及自主学习和研究,在教学方法实践中往往采用机械教学和锻炼,教师在教学中处于权威地位,主导学生的教学任务,忽视了学生在教学中的主体地位,最终导致学生独立思考、主动提问的能力缺失。有些课堂教学过分强调直观教学,但内容苍白,直观教学只是一种手段,并不是目的;也有教师缺少对学生个体差异的关注,使得一些学生对于某些知识难以掌握,课堂积极性和主动性下降。

(3)学校文化理念不清晰

学校文化是一所学校的思想与灵魂。很多学校成立年代久远,有着多年形成的积淀和文化底蕴,但却没有明确提出学校的文化理念。一些学校有育人目标之类的表述,但却非常空泛,未能体现学校文化的特点,与学校本身实际存在的深层次价值理念、行为规范等也不一致。还有些学校新成立或重组,学校文化尚处于空白状态。总体来说,许多学校缺乏能够提炼学校自身文化价值的能力,不能对自身文化建设进行准确概括和表达,缺乏一种积极进取文化氛围的营造和先进文化理念的引导,急需精心策划、细心培育学校文化。

2.政府实施绿色教育的必然性

实质上,绿色发展既是政府绿色变革的主要动力,也是其目标所在,可从以下几个方面来理解。

(1)绿色发展战略的需要

中国目前所面临的环境挑战很大,必须加快转变经济发展方式,从高速发展转向高质量发展,不仅不能走低效率、高污染、高能耗的道路,更不能走高排放、高消费、高消耗的道路,中国必须找到自己的绿色发展之路。这种绿色发展战略不仅需要政府有长远眼光,对发展战略进行调整,更需要政府引导和监督政府自身、企业和公众的绿色行为。

(2)政府自身变革的需要

加快行政管理体制改革,健全政府职责体系,完善公共服务体系,强化社会管理和公共服务,实现从管理型政府向服务型政府的转变,是十七大的战略部署,也是构建和谐社会的根本途径。要建设以人为本的服务型政府,必须把人类社会福利最大化作为目标以及绿色经济发展和绿色政府构建的根本动力,贯穿于生产方式、制度安排和一切经济活动过程的始终。

(3)国际交往与合作的需要

目前,环境问题已经成为全球关注的焦点,生态政治运动席卷了很多领域,包括经济、文化、政治、军事等,环境文化也构成了国家间政治关系的新因素,成为各国政府治理变革中极为重视的问题。随着人与自然矛盾的突出,各国政府纷纷推出了绿色政府计划,中国也适应全球绿色政府建设进行变革,积极与各国政府通力合作,取长补短,发挥中国传统文化思想中的优秀理念,共同面对现实,努力解决问题,特别是"一带一路"形成的战略性合作,在全球绿色发展中发挥了切实可行的引领作用。

3.企业推行绿色教育的紧迫性

(1)是我国国民经济可持续发展的迫切要求

作为生态文明建设的主力军,企业是否采取绿色发展行动对实现绿色教育有着重要意义。新时代对企业提出了新的要求,企业要将绿色发展纳入其战略,以生态文明的时代要求为标准,积极应对全球生态环境问题,将低碳化发展与先进绿色发展理念和技术作为自己的核心竞争力。企业要将自己的目标从企业利润最大化转为企业价值最大化,实现经济、社会和生态三者的和谐统一,转变传统的先污染后治理的发展道路,实现绿色经营、绿色生产、绿色营销、绿色财务,最终实现零排放,促进国家经济的发展。

(2)是创造国民良好生存环境,提高国民生活质量的基本保障

近些年来,我国推进生态文明建设的积极成效生动证明,良好的生态环境已经成为人民生活的增长点,但是据环境绿皮书披露,中国80%以上的工业废水未经处理直接排入河流、湖泊和水库,8亿农民的饮水安全受到威胁,中国至少有3.2亿人的饮用水是不安全的,近四分之一的河流因

污染而不能满足灌溉用水的要求。环境污染破坏了国民生存与发展,为了拥有更好的生存环境,在企业中推行绿色教育势在必行。

(3)是企业自身生存与发展的迫切要求

2001年,我国加入世界贸易组织。在世贸组织的各项规定中,大量的行业都以保护自然环境以及人类健康为由制定了一系列限制进口的措施,也就是所谓的"绿色贸易壁垒"。绿色贸易壁垒使我国很多产品在出口时面临着苛刻的环境标准,这使我国很多产品在国际市场上受到冲击。所以,在加入世界贸易组织之后,中国企业已经采取了一系列措施进行清洁生产,切实执行国际环境管理标准,生产设计出符合国际要求、具有竞争力的产品,尽可能减少"绿色贸易壁垒"对我国企业造成的损失。

(4)是适应绿色消费浪潮的必然选择

目前,随着人们生活质量的明显改善,尤其是个人收入水平的提高,人们迫切追求更高质量的生活环境及高质量的绿色消费。与此同时,社会经济发展导致生态环境恶化,直接影响、威胁了人们的身体健康,倒逼人们开始不断追求绿色消费。绿色消费需求促使企业追求绿色发展,通过绿色化生产在迎合了大众需求的同时,也使企业获得更大的竞争力。

(5)是企业参与国际竞争的要求

20世纪,"绿色革命"在全球范围内兴起。在多边贸易谈判中,能否使自由贸易与环境保护兼顾,已成为关贸协定关心的问题之一,即"绿色回合"。随着WTO允许成员方采取相应措施加强环境保护,绿色贸易壁垒将不可避免地存在并成为最重要的"变相贸易壁垒"。为了遵循这些绿色贸易规则,突破绿色贸易壁垒,避免贸易制裁,企业必须实施绿色品牌战略,才能实现快速健康发展。

(6)是社会环境的驱使

企业必须顺应消费者的绿色消费需求,开展绿色经营,才能赢得顾客。此外,企业的生产经营活动还面临着其他的挑战,如政府规范化立法的压力,市场竞争优胜劣汰规律等,迫使企业改变经营观念,塑造绿色品牌,才能有力应对竞争,不断提高市场占有率。

4.个人绿色消费意识的觉醒

生活水平的提高使人们的健康意识、环保意识大大增强,人们意识到生活质量的好坏难以用传统的物质因素来衡量,还由许多因素决定,包括收入、健康状况、受教育水平、文化背景、社会稳定状况、环境质量等,最终形成维护生态平衡、重视环境保护、提高生活环境质量的"绿色观念"和"绿色意识"。

2.3.2　绿色教育体系内容框架

自党的十八大首次把"美丽中国"作为未来生态文明构建的宏伟目标以来,中国政府在生态文明建设中的决心和毅力就未曾动摇过。贯彻落实科学发展观以及推进中国生态文明建设都需要实现绿色发展。当今社会,率先进入绿色发展轨道的国家、企业更有可能在全球竞争发展格局中占据有利位置。作为新型发展模式,绿色发展需要政府、企业、学校、公众的互相配合,共同努力,致力于绿色发展的实现。

1.学校绿色教育

学校是教育的主要场所,绿色校园建设也是教育发展的必然要求。教育部学校规划建设发展中心将绿色发展作为重要战略支点,认为绿色校园建设的关键,是通过把绿色发展理念融入学校教学过程,纳入人才培养环节,融入校园建设与管理,在校园空间绿化建设和研究中找到精确平衡。理念是行动的先导,开展学生绿色发展理念教育则必须理念先行,为学生奠定扎实的理论基础。课堂教学是学生获取知识、有效学习的主要途径,全面和谐的教育要面向全体学生,全面营造和谐的教育教学环境,构建新型的师生关系和家校关系。通过家校合力,形成全面关怀的教育氛围,促进每一个学生的全面发展。

(1)绿色课堂环境是构建绿色教育的前提

绿色经常和环境联系在一起,学校的主要目的是形成一个良好的教书育人环境。将绿色教育理念融入整个校园的生态环境中,可以为全校师生建立优美的学习环境,促进人们的身心健康,能够让学生在自由快乐的课堂氛围中学习。

(2)绿色课堂管理是构建绿色教育的保障

一般而言,课堂教学管理的实施是课堂教学得以动态调控、教学得以顺利进行的重要保证。绿色管理是绿色课堂的保障,是在结合学校具体情况基础上,以实现管理的个性化、自主化、人文化为主要目的而采取的管理方法。绿色课堂管理强调对师生的人文关怀,摒弃强制性的管理思维,在班级管理方面,需要树立班级个性化管理思维;在学生管理方面,需要实现学生管理的自主化。根据学生的兴趣爱好,对于学生的潜力进行充分挖掘,促使学生能够得到全面发展。

(3)绿色课堂教师素养是构建绿色课堂的关键

绿色课堂应是师生共同探究的天地,教师的点拨、启发、延伸等一切活动都是为学生服务。教师在整个教学活动中处于主导地位,所以教师素养是构建绿色课堂的关键。教师尊重学生是其基本素养的有效体现,一方面,学生的发展具有个体差异性,需要教师进行差异化教学,站在学生角度,理解学生的思维方式,同时尊重每一个学生。在绿色课堂中,教师要充分肯定学生的创新精神和发散思维,意识到其对学生今后发展的重要性,不能进行压制。同时,教师作为知识的传授者,除了应该具有充分的专业知识外,还需要具备良好的人文素养,这里的人文素养则是教师的绿色素质的体现。

(4)绿色课堂教学方式是构建绿色教育的核心

绿色课堂教学方式不再是以简单的知识传递为主要目的展开的教学,而是在遵循学生身心发展的客观规律基础之上,结合时代发展特点,对学生进行教育活动的安排。目前,绿色课堂教学方式包括合作学习、自主学习等。绿色课堂的重点在于不仅是传递科学文化知识,更重要的是培养学生的创新思维和能力,让学生拥有提出问题、分析问题和解决问题的能力。同时,绿色课堂运用现代化的科学技术手段为学生学习和实践提供了很多现代化的工具,使教学方式更加多元化。绿色课堂教学方式有利于培养学生的绿色意识,教师在开展教学活动过程中,需要真正理解绿色的内涵,才能实际应用到教学过程中。

(5)绿色德育发展是构建绿色教育的基础

绿色德育旨在让学生形成良好的思想道德素质,引导学生学习科学文化的同时,树立正确的世界观、人生观和价值观,使学生从两耳不闻窗外事,一心只读圣贤书,到关注社会、关注生活,引导学生关注国家大事,把自身所应该肩负的责任内化为自身素质,并且外显于日常生活和行动中,因此绿色德育是落实素质教育的有效措施。

(6)绿色课堂评价方式是构建绿色教育的导向

绿色课堂的实施效果需要通过评价的方式来进行反馈。只有通过有效的评价机制,才能够引导师生进入良好的循环互动模式中,教师才能及时掌握学生的学习情况,学生才能更有效地完成学习。在对教师评价过程中,教师的教学能力不能仅以学生的学习成绩来评价,需要结合教学方式、教学态度等,给教师更大的发展空间。学生的评价应该从单一向多元、从静态向动态转变,充分尊重学生的民主权利,使学生评价更具人文关怀。绿色评价的途径是建立诊断性评价,提高教师的教学水平。在课堂教学中以绿色评价方法为指导,并且对反馈的结果进行认真分析,调整学习策略和学习方法,实现师生的共同进步。

2.政府绿色教育

绿色发展作为人类社会发展的更高级社会文明形态,其建设不是一朝一夕,需要全社会的共同努力,尤其需要政府承担主要责任。然而政府在构建绿色发展的过程中也会面临诸如职能错位和不作为、绿色投资力度不够以及法律法规不健全等问题。因此从实践出发,对绿色发展视角下的政府行政措施展开研究,无疑有着重要的理论及现实意义。

加强和完善相关制度保障,培育人们的绿色发展理念,不仅需要高校教育的努力配合,更离不开国家政府部门的领导和支持。要想切实提升培育人们绿色发展理念的实效性,首先需要国家政府部门加强对绿色教育的制度保障。一方面需要国家有关部门从法律保障入手,完善相关法律法规,加强对生态环境的立法保护,对企业、个人涉及破坏生态环境等违法行为加大惩戒力度,以此来为培育人们绿色发展理念,创设一种良好有益的社会环境,让人们认识到国家对于环境问题治理的高度重视以及大力推进绿色发展的决心,从而唤醒人们自觉践行绿色发展理念的意识。另一方面,国家需要强化教育职能,加强政策支持和保障。政府要出台相关政策,加大资金投入和人才引进,为绿色教育的健康持续发展提供政策支持和保障。通过增设专项教育经费和加强专业教师队伍建设,为培育学生绿色发展理念提供更优质的教育资源。同时,国家还应制定相关政策,加强政府的教育职能,明确其工作职责,使各部门之间各司其职,高效协同合作。此外,政府可以为绿色教育制定宏观可行的培育目标、科学合理的评价体系,将广泛推进绿色教育的口号真正落到实处,进一步促进我国绿色发展理念培育体系的规范化和系统化。

3.企业绿色教育

随着社会的进步与发展,中国企业面临的市场竞争越来越激烈,而绿色管理作为一种新型管理模式,对企业生存与发展具有重要影响。实际上,绿色管理是现代社会生产生活方式变化对企业管理的反映,是促进国民经济发展和提高人民生活质量的有效途径。在各种力量的推动下,绿色管理作为一种全新的管理理论和方式,必将成为未来企业经营管理的主要模式。因此,中国企业应提高对绿色管理的重视,主动探索绿色管理实施策略,构建合理化绿色管理体系,提升自身竞争优势。企业文化是企业在长期经营实践中所凝结起来的经营理念、企业精神、文化氛围,体现在企业全体员工所共有的行为方式、道德规范、价值观念中。而绿色企业文化是指企业及其员工在长期生产经营实践中逐渐形成的为全体职工所认同遵循、具有本企业特色、对企业成长产生重要影响、对节约资源、保护环境及其与企业成长相关的看法和认识的总和,由外层企业物质文化、中层企业制度文化、内层企业精神文化组成,绿色企业文化的三个层次紧密联系。通过建设绿色企业文化,有助于企业更好地适应经营环境。目前全球都关注生态环境问题,掀起了绿色革命,而企业需要适应这一发展趋势。建设绿色企业文化,对于提高企业员工的生命力,增强企业凝聚力具有重要意义,有助于企业带动员工实施节约资源计划,体现了企业对员工身心健康的关心,以及企业对周围环境改善的意识。建设绿色企业文化,还可以形成企业良好形象,提高企业的认可度和美誉度,增强企业在市场上的竞争力。

绿色企业文化在重视经济效益的同时,也兼顾了社会效益和环境效益,满足了公众对于绿色产品的需求。只有不断提高企业产品的绿色化水平,才能树立良好的企业形象,绿色企业文化不仅是绿色管理的重要内容,还是企业实施绿色管理的前提。企业绿色文化的制定和实施取决于管理者和员工是否具有绿色意识,例如企业进行绿色产品设计和开发,产品设计开发人员是否具有绿色价值观非常重要。企业进行绿色营销,营销人员具有绿色意识就是前提。所以绿色企业文化的实现最终还是依靠人。

4.公众绿色教育

随着互联网技术的不断发展,自媒体的广泛应用加快了信息的传播速度,极大地便利了人们的生活。通过互联网,人们可以足不出户实现在家购物。但是互联网在带来便利的同时,也带来了负面影响,如虚假广告、同质化信息的传播等,从而影响了公众的消费行为。自媒体传播的奢靡消费会被人们迅速领会,进而模仿;享乐主义、拜金主义、消费主义等社会风气盛行,不断侵蚀人的心灵,阻碍了消费者绿色消费观的形成。因此,媒体要担负起社会道德的传播及相关社会责任,参与绿色消费观念教育建设,弘扬正确的消费理念。每个人都应该承担起绿色消费传播和引导的责任,甄别传播内容,选择具有积极价值取向的材料,做到报道的客观真实性。

引导公众积极参与绿色消费实践活动。一方面,宣传绿色消费理念。

可以利用政府和学生的绿色消费知识和绿色消费行为对社会公众进行绿色消费行为示范或口头教育。这些宣传活动有助于公众了解绿色消费知识,树立绿色消费观念,实施绿色消费行为。另一方面,社区可以开展绿色消费教育的公益活动。组织居民积极参与到绿色活动中,例如回收废旧衣物、回收废旧电池、选择低碳环保的出行方式、对垃圾进行分类、关闭不使用的家用电器、保护社区生活环境等。

总的来说,绿色教育与绿色发展是同一问题的两个方面,二者密切相关。绿色教育是绿色发展的基础和前提,是对绿色发展理念的诠释和传播。实施绿色教育,第一,要树立绿色教育的理念。2016 年,全国教育工作会议明确提出,要用绿色发展理念指引教育的发展。这就要求我们要树立绿色教育理念,遵循绿色教育规律,培育绿色校园文化,普及生态文明教育。第二,实施绿色教育要构建完善的学校教育体系,结合学校和地方绿色文化特色,培养绿色发展的主力军。学校是绿色教育的主阵地,实施绿色教育应该从学前教育开始。要充分利用学校的有效资源,对学生进行针对性教育,将保护自然、爱护环境等内容纳入学校教程。第三,要充分依托继续教育平台,利用各级各类领导干部培训班,长期开设一些循环经济、生态文明建设以及绿色发展的课程,有效推动生产生活方式向绿色低碳转型。第四,有效利用社会教育阵地,呼吁市民做绿色生活方式的倡导者和绿色消费者。

2.3.3　绿色教育实践特点

1.致力于社会的整体性变革

现实中,很多地区的变革都是点状的或割裂式的,缺乏系统的整体变革。即便是系统性的变革,也缺乏整体思维。例如,学校的德育、教学、管理等方面不能统一思想,在实践中陷入各自为政的局面,最终使学校变革走向夭折。企业的绿色发展也不能脱离企业发展实际,否则最终也会得不偿失。在绿色教育实践中,需要坚持整体性思维,认识到各部分的不可分割和相互关联性。在构建绿色教育实践体系的过程中,需要从一开始就致力于谋求社会的整体性变革,而不仅仅是绿色教育实施的具体某一方面。同时需要坚持以理论为统摄和引领,构建较为全面、系统的绿色教育理论体系。在实践中,政府、企业、学校、公众齐心协力,合理分工而又互相启发,构建起科学的绿色教育实践体系,涵盖德育、教师发展、教学科研、政府管理、企业文化建设等各个方面,具有一以贯之的理念。

2.理论与实践的双向互动

绿色教育实践不是停留于肤浅的经验总结,而是追寻其理论踪迹,在绿色教育的理论探讨中,又紧密结合具体实际,从而使绿色教育的理念在实践层面实现扩展和延伸。在绿色教育的理论与实践探索过程中,一方面,要坚持理论从实践中来,另一方面,又始终奉行理论回到实践的观点,使绿色教育的理论和实践不断互动,不仅在实践中检验了绿色教育理论的真伪,还实现了实践对理论的滋养与创生,以不断修正、丰富、充实和完善绿色教育的理论构建,同时又用绿色教育的理论来指导、改造、提升教育实践。

3.国际视野与本土行动的融合

在理论基础方面,除了教育学、心理学、管理学等理论,还利用生态学、人本主义、后现代主义等相关理论,尤其是从生态学的角度切入来解读绿色。在绿色教育的应用和实践中,要坚持具体问题具体分析的策略。在学习借鉴国外先进教育理念的过程中,不能对国外理论进行简单照搬与移植,而要使其在本国的实践中得到拓展与变革,立足于当代中国发展的基本国情,在自己本土的文化脉络中探索实践,实现在本土文化的基础上与国际先进教育理念接轨。总之,国际视野使绿色教育的发展拥有广阔的天空,而本土行动又使绿色教育的发展扎根于丰厚的土壤。国际视野与本土行动互相辉映,实现了理论视野与实践行动的视域融合。

2.4　实践案例

西南大学附属小学,是教育部直属高校附小之一。1949年,其前身——女子师范学院附小,沐浴着新中国的曙光创立,校址辗转迁移,校名几经更替,学校经历了60余年的发展与积淀。2005年10月,西南师范大学与西南农业大学合并组建西南大学,学校由当时的"西南师范大学附属实验小学"更名为"西南大学附属小学"。2015年,北碚区政府将新修建的缙云小学交付附小办学。至此,学校形成校本部、缙云校区"一校两点"的学校布局。

西南大学附属小学作为西南大学的教育科研、实验实习基地,是国家教师教育创新西南实验区示范基地、重庆市教科院教育科研实验基地、中国青少年素质教育实践基地。该校依托教育部及西南大学办学,具有深厚的资源优势,秉承改革创新的传统,紧抓新课程改革推广的契机,学校明确了自身的发展战略:建设"绿色教育"特色学校,铸造过硬学校品牌,并围绕这一发展战略建立了学校各级管理、师生发展、课堂教学、环境后勤等方面的目标系统和实施系统。

2.4.1　案例介绍:西南大学附属小学绿色教育实践

20世纪90年代开始,西南大学附属小学每年都会开展一些环境教育活动。如:

• 1992年3月,学校组织高年级学生参加区教委、区环卫局主办的"中小学生绿化知识竞赛普及宣传教育活动"。

• 1993年4月,学校组织学生参加区"环境征文竞赛"。

• 1994年6月,学校组织学生参加"中小学环境征文"竞赛,学校获组织奖。

• 1996年5月,学校领导和部分师生参加由重庆市动物园主办的"动物与儿童心理美育研究会"。学生在动物园进行了舞蹈、书画现场表演,重庆电视台进行了报道。

- 1996 年 7 月,学校组织学生参加全国"爱鸟知识"竞赛。

- 1997 年 4 月,学校各中队开展"用小行动保护大地球"主题活动,全校师生参加"对社会负责,对社会承诺"的环保活动。

这些活动的开展,使全校师生丰富了环境知识、增强了环境意识、规范了环保行为,使得环保教育初步成为学校的一个特色,并为后来参加"中国中小学绿色教育行动"奠定了基础。

为了加大环保教育的力度,也为了顺应教育发展的大趋势,1998 年开始,时任校长带领学校参加了"中国中小学绿色教育行动",学校全程参与了其三个阶段的研究工作,把环境教育纳入课程之中,并建立了课题领导小组,制订了开展中小学绿色行动的计划和方案。基于环境教育从基础抓起,从小培养环境保护意识,养成良好的习惯;从身边小事做起,抓小节,立大德,以小学生自己的小行动来影响家长、社会,保护人类赖以生存的地球,让学生从小树立环境保护的基本国策观,树立环境生态观和可持续发展观,树立环境资源价值观和热爱自然保护环境的伦理道德观。学校确定了"保护环境,从小做起"的环境教育指导方针,把面向可持续发展、促进学生参与的环境教育融入学校的办学理念和培养目标中,纳入教育教学活动和各项管理。在 1998 年后的几年里,学校又相继开展了一系列环保活动及与之相关的培训等活动,这些活动主要包括以下几个方面。第一,领导、教师参加环境教育培训。第二,开展可持续发展的环境教育系列活动,在课堂教学中渗透环保知识,培养环保意识;在"绿色教育活动月"中了解环保知识,增强环保意识;在主题活动中深化环境知识,强化环境意识。第三,培养学生良好的环保习惯。第四,积极参加社区环境保护活动。第五,重视校园环境建设。

各项活动紧锣密鼓地开展着,并被汇编为《西南师大附小"环境教育"活动大事记》,以下是其中一些比较有代表性的活动及成果。

- 1998 年 6 月,学校组织学生参加第十二届"中小学环境征文"比赛,98 级 3 班邵若兰获第十二届中小学生环境征文比赛一等奖。

• 1998 年 7 月,学校组织学生参加由北碚区组织的金刀峡中小学"育美夏令营"活动,了解胜天湖、金刀峡四周的地理环境及生态环境境况,激发了学生热爱大自然、保护大自然的情感。

• 1998 年 7 月,学校组织学生参加了在南山狗儿丘进行的"绿色行动"的小记者、小编辑培训。

• 1998 年 9 月,学校在新学期的开学典礼上,隆重举行了"中国中小学绿色教育行动试点学校"挂牌仪式。

• 1998 年 11 月,学校绿色教育实验班教师参加西南师范大学环境教育培训中心组织的培训。

• 1999 年 1 月,学校举办"绿色行动冬令营"活动,世界自然基金会驻北京办事处的同志,西南师范大学环境培训中心负责同志,西南师范大学校长参加了开营仪式。重庆电视台《重庆新闻》栏目播放了活动实况。

• 1999 年 3 月,学校组织 200 多名学生参加团区委的"营造青少年绿色文明园　种植世纪纪念树"活动,师生共植树 64 棵。

• 1999 年 4 月,学校举办"中国中小学绿色教育行动"现场会。市区环保局有关负责同志及市区部分学校参加座谈会。

• 1999 年 5 月,学校组织教师和学生到西藏中学参观,学习"市绿色学校"的先进经验。

• 2000 年 11 月 3 日,"西南师范大学附小中国少年儿童手拉手地球村"举行了隆重的揭牌仪式,学生们在蓝色的村旗下庄严宣誓:保护环境,我们有责;节约回收,我们有责;帮助伙伴,我们有责。学校建立了村委会,设立了回收屋,定期开展回收活动。各中队积极开展了"手拉手书信交友活动",与河南省潢川县张集乡李寨村希望小学结成对子,用书信加强联系,增进友谊。

• 2002 年 3 月 9 日,学校组织 50 名少先队员参加由区环保局、团区委联合组织的"天天环保,青少年绿色承诺"活动。

• 2002 年 3 月,学校建立了北碚区第一所绿色学校废旧电池回收站,并与西南农业大学的环保组织"爱村会"成为共建单位。

- 2002 年 3 月,由自然兴趣小组同学成立了"保护母亲河生态监护小队",在自然老师和科技老师的带领下对磨滩水库、龙凤溪河、嘉陵江正码头水质进行监测。

- 2002 年 4 月,绿色行动课题组成员参加由国家环教中心、重庆市环保局联合举办的"中德合作西部环境教育骨干教师"培训班,获结业证书。

- 2002 年 12 月 30 日,来自日本的环境教育专家和重庆市志愿者联合会、北碚区中日友好环境教育培训班的 30 多位领导、教师到该校开展了环境教育交流活动,老师上环境教育渗透课"小河和青草",学校德育主任汇报了学校绿色教育工作情况,四位同学向日本客人赠送了自己绘制的书画作品,同时,该校与日本一所小学签订了"手拉手学校"意向书。

　……

经过全体师生的共同努力,学校的环保活动硕果累累。绿色行动的开展,不但为学校的环保教育提供了一个更高的平台,而且更重要的是奠基并拓展了学校教育的可持续发展理念。在此过程中,学校进一步提出了创建绿色学校的目标,以促进学校素质教育的开展,提高学校形象和办学品质。在"绿色教育"实施下,西南大学附属小学的科研之树也硕果累累。2000 年,西南大学附属小学被评为区、市绿色学校;2004 年,又被评为"全国绿色学校先进校",这些称号是对学校绿色教育成果的最好证明。该校教师参加区级以上教学比赛,获得一等奖 26 项,编写教育教学专著、教材教辅 118 本,参与各类论文比赛,获一等奖 300 多人次。由校长主持的"新课程标准下的小学语文审美化课堂教学试验与研究"获得"重庆市第四届中小学优秀教育科研成果评选一等奖",学校 2009 年也获得"北碚区特色学校""国家教师教育创新示范基地学校"等荣誉称号。

同时,随着"绿色教育"特色理念的逐渐成熟,该校构建了"一报、一刊、一台、一册、一书"五位一体的理念文化体系。"一报"即校报《星星报》,展示学生优秀作品;"一刊"即校刊《绿色家园》,提供教师交流平台;"一台"即校广播电视台"星星台",播放学校新闻,展现学校活动;"一册"

即画册《绿韵》,用图画定格理念,展示学校办学成果;"一书"即专著《绿色教育理论与实践》,详细阐述了绿色教育在国内外发展历程,具体阐述了绿色教育的深刻内涵,从绿色教育的五个维度:绿色管理、绿色师资、绿色德育、绿色教学、绿色文化,深入浅出地剖析了其理论基础及实施策略,弥补了国内绿色教育的空白,更凝练了学校的绿色教育办学成果和思考。

2.4.2 案例分析

西南大学附属小学实施"绿色教育"的过程,并不是盲目而肤浅的,本着理论与实践双向互动的原则,在理论研究的基础上着手构建自己的目标体系和实施系统。实施系统的构建以系统论为指导原则,把"绿色教育"这个大系统分解为五个子系统,形成了"绿色教育五圈实施系统"(图2-3)。

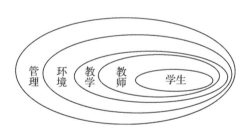

图 2-3 "绿色教育五圈实施系统"

图 2-3 清晰地阐释了"绿色教育"内在的逻辑。教育的原点在于对学生的关注与思考,教育教学要为学生的发展服务,教师自身也在这个过程中得到发展,所以作为"人"的教师与学生处于实施系统的内层;环境包括物质环境、心理环境,主要指向校园文化建设,对前三者都有影响;而管理处于五圈的最外层,对其他方面起到统摄、引领、促进、支持的作用。由内而外,"绿色教育"就是以学生发展为核心,以教师成长为关键,以教学为焦点,以环境为依托,以管理为统摄。

系统的运作遵循"由外到内"的逻辑,即以管理为统摄来"发力",对学校整体发展、文化建设、教育教学、教师发展、德育工作等进行整体筹划、调适与评价,并最终落脚于学生发展,从而保证系统有效而持续地运作。在此,管理制度显得尤为重要,绿色管理制度摒弃传统管理等级森严的弊端,打开了纵向壁垒,冲破横向阻隔,坚持"以情感凝聚人心、以制度保障发展"的宗旨,致力于形成和谐的人际关系,最大限度地调动教职工的积极性,形成具有凝聚力和战斗力的优秀群体。

西南大学附属小学对于绿色教育的内涵进行了解读。学校认为"绿色教育"注重整体氛围的构建,整体氛围表现为学校文化的打造;学校文化凸显以人为本的理念,强调教师队伍的发展;教师的核心任务是教学教研,最终促进学生的发展。因此,在"绿色教育"特色建设上,始终注重"构建一种文化,突出一个重点,围绕一个中心"的发展策略。

1.构建一种文化——绿色校园文化

"绿色"是校园文化的鲜明特色,也是该校区别于其他学校的标识。学校将绿色文化中的关键部分进行提炼,形成精神文化、制度文化、行为文化和物质文化彼此嵌套的四环结构(图 2-4)。在这一结构中,精神文化居于统摄地位,是学校文化的核心,制度文化是保障,行为文化是关键,物质文化是载体。

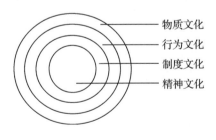

图 2-4　绿色学校文化四环结构图

根据绿色校园文化四环结构,学校就每一部分选取一个主题词做出了自己的诠释。

（1）"崇敬生命"的精神文化

绿色教育理念的核心价值就是尊重生命。"崇敬生命"的精神文化首先体现为对生命的珍爱和崇敬；其次体现为对规律的认同，具体到学校的教育教学活动，就是指要尊重教育规律，尊重人，注重师生潜能的开发，全面展现师生追求，为学校的健康、快速发展注入不竭动力。另外，"崇敬生命"的精神文化还体现为对人的个性的推崇。

（2）"以人为本"的制度文化

西南大学附属小学在制度建设上秉持"以人为本"的理念。在制度建设的过程中，仅仅强调管理制度的科学性，容易走向工具主义的误区；仅仅强调人文主义，往往会陷入随意性的泥沼，不利于组织的健康运行。对于制度建设中可能会出现的问题，西南大学附属小学试图将制度的科学性与人文性相融合，在制度建设过程中将科学的管理制度与以人为本的管理理念结合起来，形成科学与人文和谐统一的人性化的管理制度。人性化的管理制度不但强调制度本身的合理性，还强调制度执行过程中的伦理关怀，突出了"以人为本"的理念。

（3）"协作分享"的行为文化

在西南大学附属小学的绿色文化体系中，行为文化的最主要特点就是"协作分享"。"协作分享"的行为文化不仅体现在教师的教学行为和学生的学习行为上，还体现为一种团结协作、合作共享的校风、教风、学风和班风。新老师进校，有"师傅"帮带；青年老师成长，有骨干老师扶助；日常教学，有年级组、教研组支持。哪位老师要上跟进课、参赛课或者对外展示课，背后总会有一个坚强的"核心指导小组"支撑，专业上的协作支持密切了彼此的感情。

（4）"紧凑精巧"的物质文化

学校的地理位置和学校的历史决定了学校物质文化建设。在学校布局上，西南大学附属小学强调充分利用自身条件，结合自身优势，在学校建筑、校园设施、人文景观等方面坚持"紧凑精巧"。一方面合理利用有限空间来满足教学，另一方面还在坚持"可用""可住"的基础上做好学校人文景观设计,力求突出学校人文景观的特点。

2.突出一个重点——建设绿色师资

学校既是教师工作的地方,也是教师追求人生价值,实现人生幸福的地方。教师不仅是"绿色校园"的建设者,"绿色课堂"的主导者,更是学生"绿色人生"的培育者以及学校"绿色教育"这一办学理念的具体实践者。学校突出打造的"绿色师资"是指在科学、人文、健康、可持续发展的绿色理念指导下,围绕教师素质、师资结构、组织气氛三方面打造而成的善于学习、善于研究、善于合作,有高度职业幸福感的教师团队。在绿色师资建设过程中,学校进行了一系列卓有成效的探索。

(1)以"科学"为原则,选拔任用人才

该校本着"善知善励"的科学人才理念,努力建设"和谐共生"的"绿色队伍",主要包括三条实现途径:一是牢固树立"人人都可以成才"的观念;二是坚持"举贤不避亲"的观念,给年轻教师创造发展的平台;三是坚持"以人为本"的观念,让优秀的教师参与学校管理。

(2)以"多元"为基础,积极探索"三格层次"培养

为促进所有教师专业发展,学校根据教师的不同学历、资历和驾驭教学的能力,分层要求,分类培训,为教师量身定制专业发展规划。制定出"青年教师专业成长'三格'目标要求",即对新教师进行一年的"入格"培养,对青年教师进行三年的"合格"培养,争当各级骨干教师,对骨干教师进行"风格"培养。其具体措施在于:一是抓常规,促教学,重视新教师"入格"培养;二是精培育、树典型,重视青年教师"合格"培养;三是抓机遇,创条件,重视骨干教师"风格"培养。"三格层次"培养计划提升了绿色师资队伍的整体素质,形成了新老交替的良性循环系统。

(3)以"合作"为重点,广泛促进教师协作

具体措施包括以下两点:一是教师结对子,包括捆绑式师徒结对和骨干教师帮带结对;二是开展教研组内集体式研究,包括协作集体备课,资源共享,核心小组引领指导和行动跟进式协作研究。一系列措施的开展有效

提高了教师素质,提升了教学质量,并孕育了合作的教师文化和学校文化。

3.围绕一个中心——聚焦绿色教学

教学是学校各项工作的核心和重点,也是"绿色教育"办学特色的集中体现。"绿色教学"不是局限于课堂教学,而是融入了科研,既包含科学研究,又包含艺术实践。学校从以下三个方面开展"绿色教学"工作。

(1)在管理上,该校构建了教科研一体化的"绿色教学"新模式

"绿色教学"所理解的教学是包含科研在内的广义教学,依然需要管理进行统摄。学校构建了"绿色教学"管理新模式,其内部机构设置如图2-5所示。"绿色教学"由学校人力资源部统管,实行教学校长负责制,全面规划学校教学,统筹教学、科研两条主线,加强两方面的融合,实现教科研一体化。教导处专注于教学实践,通过核心组、备课组群策群力精心准备每一堂课,教研组统筹协调,并汇总教学实践中的疑难,教学设计与教学效果之间的差距。科研室的常规性工作是接收教导处汇总的疑难与困惑,使之问题化或进一步形成研究课题,包括课题组、研究组和编辑组。

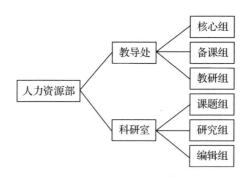

图 2-5　绿色教学内部组织结构图

对于处于学校共同体中的教导处和科研室的相关人员来说,人员构成几乎是重合的,只是在教研过程的不同阶段扮演着不同的角色。推进教科研一体化,正是抓住这一现实特点,简化了头绪,节省了时间和精力,

保证了教研实效。

(2)在教学上,提倡"五个转变",提出并形成"五生课堂"的教学要求

在知识的传授和掌握上,由面向结果向面向过程转变;在教和学的方式上,由单向输导向多向交流转变;在对待学生个体的差异上,由因材施教向因材择学转变;在学习主体心理能力的调动与投入上,由注重认知向注重情感转变;在教材的使用和开发上,由"教教科书"向"用教科书教"转变。在转变观念的同时,努力构建"绿色课堂"。"绿色课堂"是尊重人性的课堂,它不仅是知识的载体,更是生命交往的美好事情,它是生命的课堂、生本的课堂、生态的课堂、生活的课堂、生动的课堂。

(3)在教研上,采用以案例研究为载体的"知—行—知"行动跟进操作模式

"知":第一个"知"是知道案例研究的问题是怎么来的,这就要求教师在具体的教学情境中去发现问题,找准问题,即"知问";还要分析问题,知道案例研究的方向、目标以及内容,这是绿色教研行动的关键。因而,案例研究方案需要教导处和科研室的共同论证,方可实施。

"行":行动跟进,这是绿色教研行动的重点,其基本的操作模式是:合作备课—集体跟进—团队反思—共同发展。

"知":第二个"知"即通过案例研究得出的结论,教学中的具体操作方式以及新经验、新理念。也可以广义地理解为教师专业发展中的"新知"和学生学习进步中习得的"新知"。

绿色教育是充满生机与活力的教育,是民主与公平的教育,是倡导科学、人文、健康、和谐、可持续发展的教育。该校全体师生用"绿色教育"去挖掘心灵的源泉,用人性的力量去呵护精神的家园,把教育场所变成生命的绿洲,用绿色托起阳光梦想,让绿色教育奠基蓬勃未来。

资料来源:

(1)唐炳琼,卢晓燕.绿色教育理论与实践[M].重庆:重庆大学出版社,2010.

(2)单新涛,刘才利."共生"取向的校本教师专业发展探究——基于西南大学附属小学"绿色教育"实验[J].中小学教师培训,2011(12):15-17.

第**3**章 绿色教育与学校教育建设

教育最根本的目的是培养"全人",同时为国家提供后备力量,他们的三观和绿色成长意识对国家未来的发展产生直接影响,因此把握好绿色教育在学校环节的发展,让学生变成绿色教育理念的传播者和实践者是健全人生和国家昌盛的迫切需求。强化绿色教育,建立绿色校园,是我国经济社会发展赋予教育的历史使命。通过校园环境的绿色化可以引导教育的绿色化、研究的绿色化,通过绿色理念可以引发学生的责任感和使命感,营造健康文明的精神文化氛围,共同建设资源节约、环境友好、健康美丽的校园空间,形成现代教育与自然环境融合的绿色教育文化,实现经济社会的可持续发展。

3.1 学校绿色教育的发展与实践

近 20 年来,我国对绿色教育的关注日益增加,分析国际上的绿色教育思想和实践可以为我们带来很多思路。经过研究发现,西方的环境教育理念和可持续发展教育理念较为接近我国的绿色教育理念。

3.1.1 国内学校绿色教育的由来

绿色教育可以理解为"绿色"的"教育"。就概念本身来说,教育是没有颜色的。所以我们试着从"绿色"的隐喻含义来理解"绿色教育"这一概念，先从绿色事物切入。不同的绿色事物决定了绿色教育的含义是多层次的。这一特点决定了我国绿色教育的时代内涵有两个含义：一方面是绿色教育的"绿色"含义，另一方面是我国现阶段教育需要赋予时代的含义，即教育应该遵循个体自身的发展规律，教育本身也要遵循社会的发展趋势。无论在国内还是国际，绿色和教育都联系紧密，从 20 世纪 70 年代的环境教育到随后的可持续发展教育、绿色教育，都可以在学校有所体现。

1.环境教育

环境教育源于卢梭的自然教育理论。瑞士教育家路易斯·阿格赛兹也曾提到受教育者应该"学习自然而非书本"。20 世纪 70 年代，联合国组织了很多关于人类和环境的会议，这成为正式意义上的环境教育思想发展的里程碑。1972 年，人类环境大会在瑞典首都斯德哥尔摩召开，联合国主持了这一会议并发布了《斯德哥尔摩宣言》，提出了"全世界人民保护与改善人类环境"的思想。1975 年，联合国在前南斯拉夫首都组织了有关环境教育的国际工作坊，随后公布了作为工作坊成果之一的《贝尔格莱德宪章》，这是一个关于环境教育的全球性框架文件，以《斯德哥尔摩宣言》为基础，添加了环境教育的总目标、具体目标、教育对象和指导方针。《贝尔格莱德宪章》将环境教育的总目标定义为："培养全人类了解与关切人类环境及相关问题，并且教会人们相关的知识、技能、态度、意愿和恒心以解决当前和预防未来的环境问题。"

1977 年，在苏联格鲁吉亚州第比利斯召开的环境教育政府间大会上，参会人员对《斯德哥尔摩宣言》与《贝尔格莱德宪章》中的内容进行了调整和改善，制定了环境教育新的目的、目标、性质以及实施的原则。此次大会发布的《第比利斯宣言》成了环境教育的重要文件，后期经常被环境教育者引用，对环境教育概念的界定也基本上达成一致，指反映不断变化的现实世界系统的终身教育形式。这种教育可以教会人们在其一生中不断理解当前世界所面临的各种重大问题,同时可以赋予人们扮演建设性角色的技能与态度,使其能够遵循正当伦理的道德要求去改善生活和保护环境。

(1)环境教育的目标

由《第比利斯宣言》可知,环境教育包括三个方面的总目标:第一,提升人们保护环境的意识与知识,让人们明白生态环境与政治、经济和社会都息息相关,无论在农村还是城市;第二,为每个人提供一个可以获得环保相关知识、技能,培养相关意识的平台;第三,使社会上的每个人和家庭都能采取更加健康环保的生活出行方式。环境教育的标准也可以根据《第比利斯宣言》分成五部分:意识(帮助个人与社会群体获得关于整个人类环境及相关问题的意识与敏感性)、知识(帮助个人与社会群体获得与环境及其相关的直接经验与基本知识)、态度(帮助个人与社会群体获得针对环境的系列态度与感情,学会关切环境,同时养成主动保护和改善环境的意识)、技能(帮助个人与社会群体获得发现与解决环境问题的技能)、参与和行动(帮助个人与社会群体获得在不同层面积极参与解决环境问题的机会)。

(2)环境教育的指导原则

《第比利斯宣言》为环境教育工作制定了行动方针,这是除了环境教育的概念界定和目标确定之外的又一重要成果。环境教育工作的指导原则包含整体性、终身性、跨学科性等十二条,这使得《第比利斯宣言》成为环境教育历史上的又一里程碑,各国的环境教育工作者有了一份国际纲领性文件,该文件在各个国家和地区的环境教育实践中发挥了指导性作用。随着社会的发展,政治、经济、社会与环境之间的矛盾明显,关系复杂,环境教育者不得不基于《第比利斯宣言》做出进一步研究,并不断调整和界定环境教育及其目的。其中,亨格福特等人关于环境教育目的的论述成为许多学者和教育者经常引用的经典。他们认为,环境教育旨在帮助公民掌握相关的环境知识,成长为有能力且有意识和愿意主动用自身或群体的力量来维持社会生活和自然环境之间的平衡人才。

2.可持续发展教育

从 20 世纪 70 年代联合国以人类与环境为主题的大会召开以来,世界范围内环境教育的开展与推广已经历了近 50 年。在环境教育的实践过程中,各国环境教育实践者、研究者以及联合国等个人和组织不断推动着环境教育的发展,并进行着深入的研究。1992 年联合国于巴西里约热内卢召开了环境与发展大会,会议通过了《里约热内卢宣言》,呼吁将教育重点转向可持续发展,提高公众对可持续发展的认识,并提供相应的培训。1997 年,联合国教科文组织在希腊萨洛尼卡举行了一次关于环境与社会的会议,并通过了《塞萨洛尼基宣言》,呼吁各国以可持续发展为重点加强绿色教育。2002 年,可持续发展世界首脑会议在南非约翰内斯堡举行,此次会议有超过 2 万人参加,包括 100 多个国家的政府首脑。会议强调各国必须共同努力,调和社会经济发展与环境保护之间的紧张关系,以实现可持续的人类发展。联合国教科文组织于 1993 年根据《里约热内卢宣言》和随后联合国会议提出的可持续发展行动概念发起了环境、人口和可持续发展项目。该项目旨在探讨建立各种合作模式,以提高公众对可持续发展的认识,并为公众提供适当的培训。项目负责人奥斯皮纳提到,环境、人口和可持续发展项目将不再把教育本身视为目的,而是实现可持续发展的一个组成部分。教育将赋予人们力量,使每个人都能成为社会进步的推动者,为他们理想的未来努力。只有所有人,不论男女,都参与进来并获得权利,且尊重传统文化和少数群体的参与,社会的可持续发展才能真正实现。

2002 年,联合国大会确定了可持续发展教育年,即 2005 年至 2014 年共十年,将联合国教科文组授权为可持续发展教育年的协调组织机构。联合国将可持续教育发展的十年目标定为:推动基础教育发展;提升人们的可持续发展素养;调整和完善现行教育方式和教学内容,关注经济、社会和生态环境的可持续发展,鼓励采用多学科综合教育的方法;致力于开展有关可持续发展的指导和培训。可见,可持续发展教育比环境教育的概念有了进一步发展,主要总结为三点:社会文化角度(包括人权、和平、文化多样性与理解、健康和政治、性别平等等主题)、经济角度(包括减少贫困、市场经济、企业社会责任等议题)和环境角度(包括自然资源、农村发展、可持续的城市化、气候变化、灾害预防与救助等主题)。

环境教育和可持续发展教育思想在世界上已经有数十年的历史,但是对于环境教育的概念和目标的定义依旧存在争议。例如,怎样称得上是对自然环境的关注?虽然环境教育者都明白未来保护环境需要一些必备的知识和技能,但是什么是必备的知识和技能呢?仍然没有学者能全面地回答这些疑问。有的教育研究者觉得 21 世纪初倡导的环境教育没有体现教育精神的自由,反而过多重视知识的灌输和应试教育,但是另一些教育研究者认为,当前的环境教育只注重个人技能和行为结果,没有充分重视社会进步和转型的需要。有些教育研究者指出,为了找到当今西方文明模式的缺点,环境教育最终应致力于打破当前西方中心思想,提倡研究各种本土文化和传统文明对人与自然关系的认识;还有一些教育研究者认为,将环境教育融入现有的课程会使其与现有的话语权力体系相结合,不能反映最初的环境保护理念和进步精神。毫无疑问,各利益相关者表达的关切使得有必要以全面的方式考虑环境教育(及随后的可持续发展教育)问题。环境教育(及随后的可持续发展教育)在联合国和世界各国环境教育工作者近 40 年的推动下,已经在一定程度上形成了较为完善的理论基础和实践基础,对于我国推进绿色教育的理论探索和实践探索具有很好的借鉴意义。

3.环境教育(及后来的可持续发展教育)的特征

总的说来,当前国际上环境教育(及后来的可持续发展教育)理论与实践呈现出一系列比较突出的特征:

第一,从国际范围来看,国际上愈发看重环境教育,各国政府都把环境教育作为保护社会环境安全、促进国家绿色发展、推进生态文明建设的重要途径。

第二,从环境教育与学校教育相结合的角度出发,各国教育工作者对环境教育(及后来的可持续发展教育)给予了跨学科的全面关注,重点探讨了环境教育(及后来的可持续发展教育)的活动及其和其他学科的融合。

第三,环境教育的顺利推动需要一定的师资保证,因此需要制订相应的教师培训方案,包括在职教师培训和职前教师教育在环境教育中的整合,环境教育中教学方法的灵活性和综合性。

第四,随着环境教育(及后来的可持续发展教育)理念和实践的发展,人们开始认识到环境保护与经济、社会、文化可持续发展之间的相互依存关系。实际上,在后来的可持续发展教育概念里,教育工作者的重点开始从人与环境的关系扩大到自然环境和人类社会所有方面的和谐发展,环境、经济、文化和社会各方面的同时发展和相互依存,这对教育实践提出了更高的要求,不仅需要培养教育与环境有关的意识和技能,还要培养学生充分参与社会的意识、态度和技能,使他们可以成为有助于人类社会可持续发展的公民。

3.1.2　国外学校绿色教育的实践

近几十年来国际组织和各国教育者的不断推动和研究,在一定程度上为环境教育(或可持续发展教育)奠定了理论和实践基础。这为我们推进我国绿色教育的理论和实践探索提供了便利。英国、美国、加拿大、澳大利亚等国家的绿色学校的建设和实践开始较早,可供我们根据自己的实际情况加以借鉴。

1.英国经验

1990 年到 1993 年,英国政府在继续教育和高等教育的绿色学校建设方面颁布了两份报告:一份倡导关注绿色学校的课程安排;另一份鼓励开展更多的绿色实践活动。为了更好地推动绿色学校的建设,英国政府设立了专门的组织机构——环境教育专家委员会,实施继续教育和高等教育的绿色学校建设。为了赋予绿色教育更高的信誉和官方认可性,英国政府还专门发布了《环境责任——一个关于继续教育和高等教育的议程(1993年)》。

1997年,在之前继续教育和高等教育的绿色学校建设基础上,英国进一步推动了可持续发展行动策略。由25所大学共同设立了高等教育21委员会,着眼于环境管理系统改善行动的可持续性,并发布了关于社会、环境和经济方面关系的评价指标。在高等教育21委员会的绿色大学策略中,负责大学运作的职员被视为评价指标的重点宣教对象,他们需要充分了解怎么做才可以让大学朝向绿色大学的目标发展。

英国高等学校的绿色建设主要有两方面可以提供参考。一方面是在绿色行动的推进过程中涌现了很多来自各个领域、各个学科的学者,他们成为绿色学校建设的主力军。来自哲学、管理学、生物学、信息技术、经济学、建筑学、历史学等学科的科研人员为环境教育的科学性提供了坚实基础。部分学校里的支持者或许是学校高层领导。比如,在爱丁堡大学,校长建立了沃丁顿基金,用于增强教师和学生的环境责任感。在推动高等学校环境教育和绿色学校建设进程中,该国采取法律和经济扶持的手段,将环境教育当成所有高等学校需要一起承担的使命。

另一方面是设置绿色教育课程。英国政府主动学习斯德哥尔摩会议、第比利斯会议、里约热内卢会议和其他国际会议的指示,跨越高等教育的界限,营造跨学科的终身学习环境并使人们承担环境责任,发表了白皮书《共同的遗产》,倡议在管理学、建筑学、信息工程、建筑学等课程中加入保护环境的知识。《托恩报告》也强调应该设置多种可以提升个人、社会和职业的环境责任感的课程。英国高等大学的绿色教育课程建设经过了三次变革。第一阶段是二十世纪六十年代末和七十年代初,当时绿色教育方案刚刚起步,在高等学校(如东英吉利亚大学)和技术学校(如普利茅斯大学)以正式的环境方案形式展开。第二阶段是在二十世纪八十年代,当时为了推广绿色教育,英格兰和威尔士的十几所大学和技术学校都设立了环境科学学位,这些学科还与地理和化学存在着密切联系。直到1990年,申请环境教育课程的人数增加到11 000人,1992—1993年,申请人数增加到约12 000人。这是一个环境学科从萌芽到多样化的时期。第三阶段始于1990年,当时英国所有的继续教育大学都能够通过不同形式向学生提供环境教育方面的课程,环境教育工作者已经十分重视绿色交叉课程的价值和必要性,掀起了第三波环境教育浪潮,并确保所有学生都接受环境保护方面的教育和培训,此举已获得广泛的国际认可。

2.美国经验

美国绿色学校建设得比较全面深入,从加州大学的"校园环境规划"、布朗大学的"绿色布朗"、威斯康星大学的"创建生态校园"以及米德尔伯里学院、布法罗大学、康奈尔大学、佛蒙特大学等实践中,可以总结出以下经验:

(1)建立完善相关环境的法律和政策

美国联邦政府、各级州政府和地方政府纷纷制定了相应法律,以减少公民对环境的破坏,从而保证可持续发展的顺利推动。比如,在国家和城市废物管理的相关政策中提到,需要回收一切能回收的废品;州政府健康法也呼吁不再使用塑料面包袋等。各教育机构持续改进和完善有关保护环境方面的规定,从回收和储存能量到保护居住环境和购买有机食物,来推动绿色大学建设的步伐。例如,布法罗大学制定了相关环境保护规定:学校运作规定、校园电话簿规定、地区电话簿规定、使用满足环境标准产品的规定、校园邮件规定、校园报纸规定、三级价格广告邮政规定、校园热量规定、校园空气质量管理规定、2025学校土地使用规定、校园野生动植物保护规定、高级办公操作规定和程序、抽烟限制规定、废物回收规定、用电规定、全体教员学生环境协会规定、住所和公寓的环境规定、可持续能量规定、保护自然地规定、大学的设施和公共参与规定以及政府的111号行政命令。由此看出,布法罗大学的环境相关政策非常完善,这对高校的绿色大学建设项目具有很大的推动作用。

(2)环境组织的建立促进了绿色大学建设

为了更好地进行绿色大学的建设,美国各教育机构设置了诸如环境委员会、绿色大学办公室、环境工作组、环境和社会组织、废品管理机构和关于环境的联络网址(如环境网站、环境大厅网站)等机构和平台。学校的一把手和教务机构领导是校园议程能否正常推进的关键因素,缺少这些人员的环境委员会,环境教育活动可能无法正常开展。一般的环境委员会还会下设由教职工或者大学生组成的环境工作组,各自负责相应的部分,关注法律法规,同时提出关于大学政策、计划和鉴定等事项的建议。环境工作组承担起大学环境政策的责任,领导各个环境教育计划,提供足够的支持。美国很多学校的环境网站设计得较为合理,不仅为美国的大学,甚至为国际各大学开展绿色大学项目提供联系、交流和持续推动的平台。

(3)聘请环境协调人为各大学提供专业指导

环境教育发展到21世纪初,为推动绿色大学项目,美国各高校一般都会聘请专门的环境协调人来进行专业指导。所谓环境协调人,特指那些熟知环境政策法规、问题及解决策略的专家。在绿色大学的建设中,各大学聘请了回收、能量储存、绿色购买等协调人,配合校园环境委员会,指导各种环境项目、组织培训,并提供各种相关材料。

(4)全面而深入地开展绿色大学项目

除了制定相关法律和政策、建立各种环境组织机构、聘请环境协调人等措施,美国各大学还实际开展了各种各样的绿色环保项目,包括环境评估项目、绿色建筑设计项目和湿地项目等,全面深入地推进绿色项目。例如,美国布朗大学的"绿色布朗"中的一个回收项目,能够回收的废品材料种类非常多,包括各种纸板、激光打印调色筒、用过的润滑油和金属废料。该项目有明确的回收程序:每间学生寝室都会提供一个白色的塑料桶来收纳可回收物;再由学生负责把白色桶里的回收物分别放在楼前集中的大箱柜里,并使用黄色44加仑箱收纳混合物,用红色32加仑桶收纳报纸;收纳箱会按照严格的顺序排列,以便回收物从箱中取出的时候,能直接识别出来;管理员每周会清理两次。

(5)环境教育课程与周边地区的环境问题相结合

美国学校的环境教育课程一般有两种类型:一种是环境专业主修课,学生能够深入和广泛地研究环境问题;另一种是更广泛意义上的环境教育选修课,针对非主修环境专业的学生,把环境知识与课程相结合,将环境问题引入相关课程,而不是把环境当作课程的一部分。美国各个大学均十分支持环境专业主修课。但为了实践的需要和社会的发展,广泛意义上的环境教育已然超越了环境专业主修课。80%以上的大学被要求最少开设一门环境研究课程。在课程中,把身边常见的环境破坏现象作为研究对象是最普遍的做法。学校为学生创造了各种途径来进行这方面的研究,比如参加环境实习活动、跨学科学位研究项目以及社区服务活动。大学同样为教师提供了此类项目,使他们能把周边地区环境项目融入课程。

(6)学生在组织环境相关的活动方面非常活跃

各大学的学生非常积极地组织与环境有关的活动,例如,米德尔伯里大学的登山俱乐部经常组织学生参加户外活动,使其能在校园时期培养保护环境的意识,训练对周围地区环境的感知。

3.法国经验

法国的教育体制有着高度的中央集权特点,这对环境教育课程改革有利有弊:一方面会使课程改革受到很大阻力,体制相对僵化;另一方面,若是教育部门的改革意向坚定,一旦课程改革开始实施,高度中央集权的体制会推动改革迅速且高效地实施。除了一些社会组织和个人对环境教育工作做出的努力,法国学校正式开展环境教育可以追溯到 1971 年 3 月 1 日的一份教育部通告,这份文件强调学校课程应该使学生明白人类在自然生态中的地位,思索人与自然的关系以及如何对待环境。1977 年 8 月 29 日,经过全国性讨论,法国教育部颁发了《环境教育总体指针》,成了指导法国环境教育工作的基础文本。文件提到,环境教育工作应该"尽早开始并贯穿全部学校生活,教会学生以一种智慧和建设性的方式面对环境问题"。1977 年,该国教育部和环保部达成合作,意在推动各级政府就中小学以及教师教育环节上的环境教育展开协作。1982 年法国教育部发布的有关"发现课"活动的通告也是一份涉及环境教育的重要文件。这种"发现课"可以为学生和相关老师提供为期一个月左右的户外学习机会,活动地点往往会设置在野外或名胜古迹,这种方式为法国开展环境教育提供了一个很好的平台。

法国不同教育阶段中环境教育的开展方式和深度也是不同的。在中小学,环境教育基本是以课外活动(而非固定学科课程)的方式融入日常教育教学课程中。学校会提供一些课外活动的经费并设置环境教育活动中心,这些活动中心通常设置在历史自然名胜地区,学生们会在专门的工作人员和学校老师的引导下,开展 7 到 15 天的户外活动。在高中阶段,环境教育的形式不再以户外活动为主,更多的是融入其他学科的课程中,例如在生物、地理、化学等课程中加入环境教育的相关知识。在职业学校中,除了由农业部设置的职业学校最为重视环境教育外,其他职业学校在课外活动中也会加入一些环境教育相关知识。环境教育的范围从当地到世界范围,内容涵盖与环境有关的各个方面如自然灾害、生态环境问题、工农业污染、土地使用规划,个体和群体行为对环境的影响等。其中各种污染和自然灾害是环境教育中受人关注的话题。除了针对学生开展的一系列政策,法国环境教育对于老师的教育工作也没有忽视。环境教育贯穿于学生生涯的各级各类教育中,相关老师的在职培训便非常重要。此类在职培训一般独立于正规的教师教育之外,采用会议、讲座、野外考察和培训课程等形式进行,通常周期不超过 7 天。

关于授课方式,法国环境教育一般采取跨学科的综合教育方式,即环境教育主要围绕环境"问题"展开,而不是传统学科教学中采用的系统讲授方式。这种教育方式使学生把环境体系看作一个整体来对待,可以更深入地理解环境问题产生的原因并积极探索解决措施。有关环境教育的材料由全国教育文献中心和当地教育机构印制提供。环境教育除了在校园展开,还由各种环境机构承担,如环境教育中心、各个国家和地方公园或其他环保机构。环境教育的经费基本由教育部提供,环境部和其他机构也会提供帮助。

到 21 世纪初,法国的环境教育工作主要集中在两个方面:一是更好地将环境教育和现存课程体系进行融合,大大提升了环境教育工作的重要性,正式进入教育教学大纲,在学校课表中处于更加独立显著的位置。法国教育部强调,环境教育不仅仅是给现有学科科目镶上一条"绿丝边",更要发展真正跨学科的教学活动。二是着力发展和提供符合环境教育特点的教师培训课程。

4.澳大利亚在绿色学校建设实践中的经验

与法国环境教育推动方式类似,澳大利亚的学校同样采取环境课程和环境实践两种教育形式,生物、地理、农学、自然等涉及环境知识的课程越来越多。例如,学校将"绿色化学"当作本专业学生的必修课;环境实践包括带领学生走出教室,组织学生在户外环境中学习、实地调查等实践活动。一些学校还成立了综合性科系,例如维多利亚州的罗斯顿绿色教育学院,把物理系、化学系、生物系、地球科学系和数学系合并成为一个系——环境学系,全系教师具有专业资质和环境领域的教学经验,拥有自己的仪器、设备和预算。教学目标是训练学生提高自我环保意识,掌握全面、专业的环境知识和环保技能,从而高效率地进行知识的运用与发展。课程规划目标包括知识讲授、协作探讨、专业化和专业师资培训四个方面。环境科学系的建立是师范院校进行环境教育的重要举措。除此之外,澳大利亚的学校也为中学教师培训并配备大量具有高超环境教育能力的教师。同时,澳大利亚与欧洲和美国类似,也在推动绿色校园建设的活动。

澳大利亚拥有全面而完善的师资培训体系,包括职前师资培训、在职教育与研究生教育。

（1）职前师资培训

职前师资培训受到澳大利亚环境学家教育协会的大力支持与鼓励，由学校与相关政府人员共同参与制定了《师资培训的环境教育和发展教育计划》，总共包括十八个课程单元，通过师资培训课程进行环境教育。这十八个单元详细阐明了发展教育同环境教育之间的联系。

（2）在职教育

在职教育是把教师直接输送到某些地区，更进一步地接触并深入了解环境问题，从中受到良好的环境教育培训。如今，澳大利亚大部分师资培训课都以生态学为重点，也有少部分将生活方式、城市环境、能源利用等内容纳入培训内容。

（3）研究生教育

澳大利亚关于教师的培训与计划将为期两年的在职教育（教学证书）延长到三年（教育文凭）和四年（教育学士学位或教师证书）。在当前的研究生师资培训主要利用晚上的时间，强调攻读硕士学位的学习。澳大利亚在关于研究生阶段的环境教育规划中设置了首个在环境科学院而非教育类学校的环境教育专业硕士学位。

5.国外绿色大学创建的启示

英国、美国、法国和澳大利亚的学校都积极主动地提高学生的环境行为和意识，在课程改革、管理和实践方面都有很大的进步。英国高校致力于提高各个机构和学生的环境责任感，旨在鼓励灵活的合作，充分调动学生、教师和工作人员的积极性，规范正规课程和非正规课程等所有因素，总结过去积累的经验，最终目标是通过学校的政策和实践形成一种环境责任文化。美国各大学要求学生把可持续的想法实际融入每天的选择中，包括购买、运输、能量和水的使用，以及废物的处理等。为了让学生在学习生活中形成可持续发展意识，学校还开设了各种环境项目，让学生参与到环境管理中。澳大利亚的学校则采取环境课程和环境实践两种教育形式。这样既可以保证学校的操作更有效率、环境政策更加合理、节约更多的金钱和资源,还可以在学生毕业走进社会时,拥有可持续的意识、技能和价值观去迎接他们将来的工作和生活,并对身边的亲朋好友、居住的生活社区产生积极的影响,最终营造出保护环境的文化氛围。

由此可见,国际上较为成功的绿色学校建设策略是将学校当作一个整体来管理和经营,并将其打造成能够持续发展的社会和生态系统,学校的教育、研究、运作以及与当地社区的关系被视为社区活动,与当地、国家和全球社区是相互依存关系。通过建设绿色学校,教师的教育经验可以与可持续发展的思想相互融合,学生的学习内容可以包括各种科学体系,被归为在当地、地区和国际范围内实施的短期、中期和长期的可持续环境实践。学习内容使学生了解人与生态环境的依赖关系,明白人类只是自然世界的一部分。通过这种方式,学生可以了解生态学对于人类生存的重要性,以及如何评价和减少人类活动的生态足迹。绿色教育重视通过行为、实践来学习并解决校园和社区的实际问题,使学校成为社会生活的实验室,把可持续发展变成生活工作的一部分。当学生毕业后以可持续的知识、技能和价值观走进更宽广的世界时,学校的绿色教育对他们将来职业的选择、生活方式的选择和不同质量的社区生活的选择都会产生影响。

3.1.3　我国学校绿色教育的发展特征

当今世界,绿色教育已经是教育界的一种思潮,不同文化背景的人们一直坚持使用"绿色教育"来表达他们对"更好的环境""可持续发展""健康成长"等的期望。自 1997 年"中国大、中、小学绿色教育行动"项目正式采用"绿色教育"的名称以来,课例的绿色教育已有 20 多年的历史。如果把环境教育和联合国教科文组织等理念和行动包括在内,绿色教育的历史还要长远得多。今天,课例的"绿色教育"已成为一面旗帜,汇集了"环保教育""可持续发展教育""健康成长教育"等各种思想和行动。本节通过对我国三种最具影响力的绿色教育观的分析,探讨我国绿色教育的发展及其时代内涵。

1.环境保护教育的探索

环境退化是现代化和工业化的主要祸患,在 21 世纪已成为全球性问题。与世界上许多国家一样,改革开放在走向现代化和工业化道路的同时,也使中国付出了越来越高的环境成本。到20世纪末,中国面临的水污染、空气污染、土壤侵蚀等重大环境问题,也已变成十分引人关注的环境退化迹象。保护生态环境已经变成我国经济社会的重要需求,针对青年学生开展环境教育正是基于这一需求。在这样的背景下,我国的"绿色"教育应运而生。

当时的中国环境保护部宣传教育司(原国家环境保护局宣传教育中心)组织的绿色学校的成立和评选,是世纪之交我国"绿色"理念教育活动与机构衔接的代表性事件。1996年,由国家环保总局、中共中央宣传部、国家教委联合发布的《全国环境宣传教育行动纲要(1996年—2010年)》(以下简称《行动纲要》)首次规划建设并指出,随着我国工业化、城镇化的快速发展,各种环境问题日益变成阻碍我国建设社会主义现代化强国的关键原因。因此,我们应该切实开展环境保护教育。在众多的环境教育举措中,最重要的一项就是在中小学和高等学校开展环境教育,将环境教育转变为素质教育的一部分。为了配合这一教育行动,《行动纲要》还提出从2000年起设立"绿色学校"项目,并规定"绿色学校"的主要标志是:学生掌握环保内容的各类学科教材;师生环境意识强;积极参加面向社区的环境监督和宣传教育活动;校园整洁美观。1996年至2008年,全国共建立高等学校、中学、小学、幼儿园4.2万余所,其中国家级绿色学校705所。大型的评选活动再次提升了公众,尤其是教育领域人士的绿色教育意识,加强了绿色教育在我国的影响力,督促人们再次把绿色教育与环保教育相结合。

若是将国内环保机构领导的"绿色教育"倡议看作我国政府发起的"绿色教育",那么"中国大、中、小学绿色教育"项目即为国内教育机构、外国非营利机构和我国企业共同发起的"绿色教育"项目。该项目在我国被简称为"绿色教育",是国际合作的产物,也表明我国对绿色教育的看法和国际上其他国家一致。"中国大、中、小学绿色教育"项目是教育部、世界自然基金会及英国石油公司在1997到2007年一同发起的一项重要的绿色教育计划,旨在加强中国绿色教育的能力建设、资源开发、政策影响和网络建设,并将绿色教育和可持续发展教育纳入国内大、中、小学的正规教育体系。

"中国大、中、小学绿色教育行动"项目将绿色教育作为一个独立的概念展现给国人。"中国中小学绿色教育行动"也被称作绿色教育,目的是呼吁学生关注家庭、社区、国家和世界面临的环境现状,正确认识个体、社会和自然之间的彼此依赖关系,教育学生拥有与自然和谐相处需要的知识和技能,培养保护环境的意识、态度和价值观,鼓励学生积极参与可持续发展的决策和行动,成长为有社会实践能力和责任感的新时代青年。研究指出,这一时期的绿色教育主要以环境保护为重点,将人的发展与环境发展紧密结合起来。换言之,这一时期的绿色教育思想和行动具有更为丰富的含义。"绿色"的教育即指人与自然和谐相处的"绿色"教育。

尽管两个绿色教育计划是国内两个不同部门以不同的方式进行的,但对绿色教育的理解是一致的,即绿色教育是绿色环保教育,其目的是增强学生的环保意识,让人类和自然环境能够和谐共生。从实践的角度来看,绿色教育首次在我国教育界中掀起巨大的浪花。当然,之所以影响这么大肯定包含绿色教育实施人员的因素,但更关键的因素是我国的绿色教育承担着国内社会发展的时代主题。

2.以人类可持续发展为核心的教育行动

如果说"中国大、中、小学绿色教育行动"项目和"绿色学校"项目主要是中国教育部门和非教育组织合作的结果,那么中国的可持续发展教育,也就是公众所说的"绿色教育",则是中国教育部门参与世界教育组织、肩负世界教育发展使命的结果。

1994 年,联合国教科文组织启动了"教育为可持续未来服务"项目——"为了可持续发展的环境与人口教育",旨在推进一种整体性的可持续发展,形成"以人类为中心的、公正的和可持续的发展"。1995 年,联合国教科文组织亚太地区办事处在北京举办了主题为"建立环境、人口与为人类发展信息计划一体化合作"的会议,中国代表出席了会议并正式与该方案接洽。会后,中国联合国教科文组织全国委员会责成教育科学研究所研究并领导该计划的实施。在中国,环境与人口可持续发展教育是基于生态文明对社会、环境和经济可持续发展的需要,从人类主体可持续发展的最高利益出发,以环境保护为目标的人口素质教育,特别是身心健康素质教育,以可持续发展的科学知识、科学思想和相关能力教育为基本内容,推进基础教育、职业和成人教育、高等教育的理论创新和实践创新。

从我国实施《环境与人口教育促进可持续发展》规划的基本情况可以看出,这种教育突破了以"环境保护"为宗旨的单一边界,开始将提高人口素质和可持续发展素质纳入基本宗旨,把促进人的可持续发展当作最终目标,绿色教育在内容上也扩大到实施领域,突破了"中国中小学绿色教育行动"和"绿色学校"确定的学校教育领域,开始向社区教育、家庭教育等领域拓展。因此,可以说,"环境与人口教育促进可持续发展"的内涵更加丰富,行动领域更加广阔,对环境保护目的的思考也更加深刻。

需要说明的是,"可持续发展的环境与人口教育"以及后来的"中国可持续发展教育"并没有在官方文件中以"绿色教育"为正式标题和官方概念。但是,在实施和促进可持续发展教育方面,"可持续发展的环境与人口教育"和"中国可持续发展教育"与"绿色教育"密切相关:有的学校设立了"绿色教育中心",实施"可持续发展的环境与人口教育",有的研究者还撰写了《EPD教育——中国的绿色教育》的文章。实际上,更重要的一个环节为:不管是"面向可持续发展的环境与人口教育"还是"中国可持续发展教育"都有推动绿色教育发展的含义,都将这一内涵当作重要内容。这表明,中国的"可持续发展的环境与人口教育"和"中国的可持续发展教育"也能归在我国的绿色教育浪潮中。

综上,我国的"绿色教育"内涵和目标不是单纯的环境教育,而是关注人类的可持续发展,由自然环境的可持续转向关注人类的可持续,这已经远远超出了环境教育的范畴。

3. 与生命教育交融

绿色教育中的"绿色"意蕴丰富,不仅代表颜色,还代表旺盛的生命力,这种语言内容的丰富性拓展了绿色教育的内涵。一些具有创新精神的教育工作者首先拓展了绿色教育的含义,将绿色教育延伸至引导学生进行"绿色"健康生活的教育,即尊重个体发展规律,根据学生的个体特征,因材施教,促进学生的健康发展。毫无疑问,这种对绿色教育的理解已经融入了另一种在我国颇有影响力的教育思想——生命教育的基本理念,是绿色教育与生命教育思想融合的一种尝试。

20 世纪末,生命教育首先在中国被提出,学者叶澜的《让课堂焕发出生命活力》正式引发了中国教育界对教育与生命关系的思考。生命教育思想后期也发展出各种流派,延伸出各种不同的观点,但这些观点都有一个共同点:教育要尊重学生的生命,发挥学生的生命活力,遵循学生的生命规律,实现学生的生命价值。很明显,在学生的主体性被忽视、教育被僵化为应试的大环境下,生命教育完全可以说是一种"追求生命健康成长"的教育。在这种认识下,生命教育的"健康"内涵被人们用"绿色"一词来描述,这种教育思想和行为开辟了绿色教育的空间。对比绿色教育的基本定义可以发现,生命教育可以被理解为以促进学生健康发展为目标的绿色教育。

绿色教育和生命教育之间相互影响,这一点从两者在实践中的规模和范围上可以略见一斑。"中国中小学绿色教育行动""绿色学校""为了可持续发展的环境与人口教育"和"中国可持续发展教育"等绿色教育行动对我国很多学校和教育工作者都产生了深刻的影响,这些在全国范围内开展的教育思潮和行动计划与生命教育有着千丝万缕的关系,生命教育与此同时也开始发展为具有一定民族影响力的教育活动。一个有力的证明是,2005 年上海市颁布了《上海市中小学生生命教育指导纲要(试行)》。此外,其他地方的教育工作者也尝试将绿色教育和生命教育结合起来进行解读和实施。例如重庆的西南大学附属小学便将绿色教育理解为"以促进学校师生共同发展,和谐、健康、可持续发展为目的的教育"。

可以发现,不同的教育思想在提出的时候可能存在明显的区别,但在实施过程中却会彼此相互影响。在具体的实践活动中,它们会结合双方的优势,形成新诠释或新创造,例如上海一些学校和教育机构提出的以学生生活为核心的绿色教育理念。此类探索足以表明,绿色教育和生命教育存在着相似的解释,思想和概念联系紧密。将生命教育融入绿色教育实践,成了中国绿色教育的一个创新:用"绿色"形容生命,以促成健康、富有活力的生命可持续发展。

4.中国绿色教育的特征

(1)普及性

我国绿色教育在学校中的普及性主要表现在两方面。首先,我国学校绿色教育早期主要针对环境类专业学生,之后对非环境类专业学生的绿色教育也同样重视,而且依据不同的专业特点采取不同的培养方式和培养目标。其次,在实施绿色教育的过程中,学校发挥自身整体性功能,从教育教学和学校管理等各个环节全面推进绿色教育目标的实现,向学生推广环境、资源和可持续发展相关的绿色知识,增强学生的绿色理念,培养绿色道德,提高绿色技能,正确施行绿色行为,最终实现人与自然的和谐相处,贯彻可持续发展战略。基于此,各界都在努力将绿色教育的内容渗透到学校的各个部门和环节中,力求彼此密切配合,有效提升学生的"绿色"素质。

(2)综合性

综合性是指学校在开展绿色教育的过程中用联系、发展和系统的观点看待问题。第一,绿色教育学院学科涉及的内容非常广泛,不仅包括自然科学,如物理、化学、生物学、天文学、气象学、农业,也涉及社会学等其他学科领域,如法律、政治学、经济学、历史等,体现了学科领域相互交叉彼此渗透的特点。第二,环境问题是学校绿色教育解决的主要问题之一。形成环境问题的原因有很多,如社会原因、政治原因、经济原因、文化原因等,这些原因综合起来共同形成环境资源问题,这就需要学校在开展绿色教育的过程中用全面的眼光看待环境问题的复杂性,以利于解决环境问题。由于形成环境问题的原因是多方面的、综合的,相应地,解决环境资源问题的方法也有很多种,需要针对形成问题的不同原因运用不同的解决方法,具体问题具体分析。

(3)实践性

我国学校绿色教育实践性主要表现在两个方面。第一,学校绿色教育体现在平时的教学过程中,是绿色教育内容的逐渐渗透过程,通过诸如实验、课外活动、单位实习等实践形式表现出来,在实践中让学生更加深刻地理解和掌握所学的绿色知识,一切从实际问题出发,进行调查、研究和分析与环境、资源相关的问题,从而提升学生解决实际环境问题的能力。第二,表现在学生的日常工作生活行为中。改善学生的绿色素质,建立良好的绿色道德价值观是学校进行绿色教育的目标之一,学生除了在平时的教学中要进行绿色教育实践,还要在日常生活、工作中,把绿色教育内容落到实处,从小事做起,从我做起,积极参与和绿色教育内容相关的绿色实践,达到保护环境、珍惜资源和帮助实现可持续发展的目的。正如哈尔滨工业学校绿色教育活动中心的教授所言,"绿色教育只是过程和手段,它是为了能让我们的毕业生在日后过上绿色的生活。"

3.2　学校绿色教育的内容

学校绿色教育涵盖大、中、小学和幼儿园等各个教育阶段,下面将从学校绿色教育的内容和机制建设方面重点分析高等学校的绿色教育。

3.2.1　绿色教育与传统文化的结合

今天我们所说的绿色社会,涉及工业、农业、商业、金融、能源、交通和生活等诸多领域。在这些领域想要实现社会的绿色化发展,改变"高碳"现状,就要对原有的生产资料、生产方式、生产习惯、生产理念进行取舍、重组或优化。在此过程中,还要与我国传统文化在本质上表现出的东西互补协调、融和共生,如与传统文化的精髓"和"文化的融合互通。在这种对过去的物质、方式和习惯的调整和重组的"和"的过程中产生的绿色社会文化,就必然表现出其创新的特性。因此,创新是实现绿色文化对传统文化有所传承的桥梁。

从今天"绿色"的视角来看,中国传统文化中很多涉及生态伦理的内容,都含有"绿色化"的要素。千百年来,中华民族讲求遵循自然规律、尊重自然的品质,这种品质体现在传统文化的方方面面。如前人"日出而作,日落而息"的生活习惯在今天看来就可以认为是一种自然质朴的"节能"手段,当今世界范围流行的"地球一小时"绿色环保公益活动,也与古人的这种生活习惯极为相似。又如中国古代许多思想家、哲学家都认为人是万物的核心,因此,人类对万物的发展、演化负有一定的责任,人有义务维持物种的延续。比如儒家思想中的"仁民而爱物"的观念,认为注重自然和谐是"仁爱"的一种体现,这种思想有助于当今社会成员在构建绿色社会的过程中形成其自身的环境责任感。再如中华佛教的食素、不杀生等观念,可以认为是一种绿色的生活方式(尽管古人并没有意识到植物生长的碳排放低于动物生长)。而当今世界上很多环保主义者,也都选择过"素食"的生活。中国传统文化强调"天人合一"的理念,孟子的"不违农时,谷不可胜食也;数罟不入洿池,鱼鳖不可胜食也;斧斤以时入山林,材木不可胜用也"和管子的"毋杀畜生,毋拊卵,毋伐木,毋夭英,所以息百长也"都体现了人与自然共生、不可割裂的思想。其他如提倡"静以修身、俭以养德",反对奢靡的生活方式的中国传统文化,其"静"和"俭"在今天看来,体现了一种生活绿色化的自觉和自律。因此,我们有理由认为,当今绿色文化中最应该借鉴的传统文化,就是节俭的理念。

人类社会自工业革命后的 200 年,既是发展的 200 年,也是环境恶化的 200 年。一些科技、经济走在前列的国家,以自身能够占有和消耗多少地球资源作为其发达的标志。在 2008 年由中央委员会主办,南京邮电大学、农工党江苏省委承办的"人口可持续发展研讨会"上,南京邮电大学社会与人口学院、人口研究院院长沙勇指出,世界上发达国家人口只占全球人口的 20％左右,但每年其消耗的资源却占到了世界的 75％以上。21 世纪以来,一些发展中国家经济的飞速发展,也是以掠夺性地消耗地球资源为代价的。在这种发展过程中,奢侈消费、一次性消费在世界范围内蔚然成风。中华民族是一个崇尚节俭与和谐的民族。中国古代传统文化认为,世间万物都有一定的关联,就好比"金木水火土"五种物质相生相克、此消彼长。因此,人类如果想代代相传、可持续发展,就要尊重事物发展规律,如果过度消费资源、过度索取于环境、吃光用净,终究会受到自然的惩罚。老子《道德经》也曾提道:"吾有三宝,持而守之:一曰慈,二曰俭,三曰不敢为天下先,故能器长。"其中"节俭"即老子的"三宝"之一。唐朝著名诗人李商隐"历览前贤国与家,成由勤俭败由奢"的诗句流传千古,影响深远。荀子曾提出:"足国之道,节用裕民而善臧其余。"多少年来,节俭文化陶冶着我国一代又一代人,也为当今社会绿色文化发展提供了社会基础。

中国传统文化中蕴含了朴素、深刻、美妙的生态哲学智慧,为构建社会绿色文化提供了有益参考。一是为生态伦理价值观提供了深刻的内涵,使人们开始反思"人类与自然关系"和"现有价值体系"。二是为彻底消除"形而上学"自然观的影响提供了理论武器。人与自然的关系并不是一种简单的单向作用关系,而是一种双向互动。人类在对自然界"征服""改造"的同时,自然界也是变化发展平衡的,人类改造自然并不是最终状态,自然界也终将反作用于人类。三是为从发展绿色经济到构建绿色社会过渡奠定了评价体系标准。生态环境的恶化不仅仅是自然恶化,更是人和自然关系的恶化,再进一步说是人类文明的退化,是政治问题、制度问题和文化问题。构建绿色文化,需要探寻中国传统文化的精髓,从中找到与绿色社会一脉相承的价值取向和价值观体系。

3.2.2　绿色教育与意识形态教育的结合

在绿色教育的发展过程中,诸多学者均提出过要将绿色教育和意识形态结合的观点,其中最早提出的是我国著名教育家、中国科学院院士杨叔子。在 2001 年 11 月 23 日的"中外中小学校长论坛"上,杨叔子做了《现代教育:绿色人文科学》主题发言,他提到绿色教育这一理念时,着重强调了"绿色教育观"中蕴含着丰富的思想政治教育思想,远超出指导我国学校的文化素质教育工作的范围。杨叔子界定的"绿色教育"指科学教育和人文教育相互融合促进而形成的符合现代社会发展的教育形式,具有深厚的时代内涵,也是全面素质教育的一个重要组成部分。在实施绿色教育的过程中,必须坚决贯彻党的教育方针,培养德、智、体、美、劳全面发展的社会主义事业的建设者与接班人。学者王静认为"绿色教育能为社会提供高质量的、适合社会各阶层工作、生活、学习需要的教育,这种教育形式不仅可以全面提高受教育者的思想品德、科学文化水平,还可以提升其劳动技能和身心素质"。盛双庆等人认为"绿色教育就是将可持续发展意识和生态环境保护知识融入课堂和课外实践中,使可持续发展意识和生态环境保护意识成为学生的基本知识及综合素质的重要组成部分,促使学生形成可持续生活与学习态度、价值观,以及相应的行为习惯的教育"。学者吴沙沙认为"狭义的绿色教育可以理解为对环境保护和可持续发展理念的实践,注重通过绿色教育实现人与自然的和谐发展。但从广义上讲,绿色教育在教育过程中与科学教育和人文教育并重,既注重受教育者智商的提高,又注重受教育者情商的发展,注重培养受教育者如何正确处理人与自然、人与社会、人与人的关系"。

绿色教育本身十分注重"以人为本"的教育理念,正如前文所提到的,它要求充分考虑到个体成长发展的客观规律,而不是一味地填鸭式教育,培养的是真正适用于现代社会发展需要的人才。但是绿色教育作为一项活动,需要相应的管理者和教育实践者来推动,因此只有相应人员秉持以人为本、可持续发展的理念,才能在制定政策时充分考虑到鼓励思想政治教育的可持续发展,才能在实践中促进学生心理素质和道德素质的良性发展。

3.2.3　学校绿色教育的目标

学校绿色教育有四个目标。第一是学习绿色知识的目标。学校要给学生传授绿色知识,使其不断更新自己的知识结构,从而为社会提供可持续发展所需要的绿色专门人才。第二是形成绿色价值观的目标。包含提升绿色意识和绿色道德两个方面,即学校的绿色教育应该提升受教育者的绿色意识和道德,让学生树立正确的人生观、价值观、伦理道德观,从而站在一个更高的角度看待生态问题,帮助学生更好地了解自然,实现人与自然的和谐相处。第三是实践目标,即培养学生的绿色行为。通过让学生充分利用他们所学到的绿色教育内容形成绿色道德和绿色意识,自觉实施绿色行为,从而使其在离开校园之后仍然能继续进行绿色实践,并扩大绿色实践对身边每一个人的影响,提升学校绿色教育在社会上的感染力和影响力。第四是技能目标。绿色技能的掌握是学生绿色知识、绿色意识、绿色道德在实际问题上发挥作用的基本前提。学校在进行绿色教育时应该注重培养学生的绿色技能,包括辨识和确定问题、科学分析问题以及提出解决方法等。通过绿色技能,学生才能在实践过程中有针对性地分析解决有关绿色和环境相关的问题。

1.学习绿色知识

普及学生的绿色知识对学校的绿色教育来说非常重要,可以帮助他们辨明是非曲直,采取合理的行为。现如今,国内乃至整个世界都在推动实施可持续发展战略,学生掌握了系统的绿色知识,可以成为可持续发展所需要的人才。

所谓绿色知识,即绿色自然科学知识和绿色人文社会科学知识,其内涵包括但不限于:全球环境及自然资源的现状,人类对自然环境、资源问题的认识;可持续发展观的战略、措施和政策;环境污染防治办法;节约资源的重要性;生态系统的类型、特点以及对生态的保护;环境法律法规的任务、政策和方针,环境保护的基本原则和相关制度;经济与环境、资源、社会、文化之间的相互关系及协调发展;防治环境污染、保护环境、合理利用资源的基本要求和措施;环境、资源管理机构的职责和奖惩等。

除此之外,绿色知识还具有一些可拓展的内容,包括社会科学与环境、资源相关知识,如环境伦理学、环境政治学、环境心理学、环境社会学、环境哲学等。随着当今社会的不断发展,知识体系也在不断更新,世界各国学者提出了许多与环境和资源有关的新概念和新理论,这些理论成果也同样属于绿色知识的范畴。教师在引导学生分析环境和资源问题时,可以让学生从哲学、社会科学等不同角度探索环境和资源问题产生的原因,还可以让学生对自然形成整体的认识和更加深刻的理解。

想要培养学生绿色素质和品德,最基础的工作就是让学生学习绿色知识,形成全面的绿色知识体系。普及绿色知识可以提高学生对生态环境的认识能力,帮助学生树立正确的人生观、世界观和价值观。绿色知识的普及是学生强化绿色意识、培养绿色道德、提高绿色行为和绿色技能的基础和前提。每一代学生都像播撒在大江南北、祖国长城内外的绿色种子,未来将成为我国环境保护和实施可持续发展战略的中流砥柱。

2.形成绿色价值观

学生绿色价值观的形成是学校绿色教育的一个非常重要的目标,主要包括两个方面。

(1)增强学生的绿色意识

绿色意识是指人们关于环境问题的各种观点和看法,对资源的节约与利用、人与自然的关系,环境保护的所有感知、理解和思考。绿色意识是现代文明意识的标志之一,是自然价值与文化价值相结合的一种新的价值观念。人类绿色意识的形成是一个从萌芽、发展到成熟不断完善和深入的过程,根据深浅程度可以分为:人类中心主义的浅层环保意识、生态中心主义的深层环保意识、可持续发展的绿色意识。人类中心主义的浅层环保意识也被称为"环境改良主义",认为只有人类有内在价值,其他的自然存在没有或除非符合人的某些需要才具有内在价值;人类的利益是人保护环境的最重要的目的。因此,这种绿色意识是浅层次的,忽视了人类在大自然的地位与作用,只从人类立场出发,过于狭隘。深层次的生态中心主义绿色意识也被称为"激进的环境主义",认为人与自然界是一个不可分割的整体,大自然具有其内在价值,人类应当对大自然承担相应的责任和义务,并尊重它们的内在价值。生态中心主义的深层绿色意识表现出了对自然价值的较深层次的关注和认同,是对人和自然之间相互关系的理想状态的设定。但是,这种意识过度重视生态的重要性,对人与自然的关系的设想也只是属于理想状态,不符合现实条件。在人类的三种价值观念中,与可持续发展相关的绿色意识较为全面。人类发展的终极目标是人的内在价值,但在考虑人类价值的同时,更要考虑到大自然,要从人类的长远利益和整体利益出发去考虑。在社会经济发展过程中,追求可持续发展的绿色意识主张减少对环境的损害和对自然资源的浪费,为后代留下他们的发展空间,不要损害他们的利益。因此,可持续发展的绿色意识既肯定人类的内在价值,又强调不能对生态环境造成破坏,在理念和实践中达到一种融合,得到全球范围的普遍认同。

我国学校的绿色教育要培养的绿色意识就是可持续发展的绿色意识,是人类环境意识发展到一定阶段的自然产物,比环境意识具有更高层次的思维成果。提高学生绿色认识的主要内容应包括自然与生产生活概念的关系、情感、价值观、伦理等意识形态要素和观念要素,如人与自然的和谐相处、人与人之间的关系,不仅包括当代人之间的关系,还包括当代人与后代人之间的关系;生物多样性以及生物所面临的危机;《环境保护法》和其他环境保护法律、法规的规定,节约资源的意义;环境、资源、人口和发展之间相互存在的关系;保护环境,从我做起;自然资源的有限性等。

(2)培养学生的绿色道德

中国的环境学家曲格平认为,要解决环境危机,人类必须首先进行一场深刻的思想变革,创建一种以保护地球和人类可持续生存与发展为标志的新道德和新文明。《新时代公民道德建设实施纲要》中明确提出,社会公德是全体公民在社会交往和公共生活中应该遵守的行为准则,涵盖了人与人、人与社会、人与自然之间的关系。绿色道德的内容就是正确形成人与自然之间关系的行为规范,目的是协调人类社会与自然之间的关系,是一种有别于传统"社会教育"的新的道德教育活动。当人与自然之间的冲突不是主要矛盾时,道德教育的主要任务就是调节人与人、人与社会之间的关系。随着人类与自然之间的矛盾日益突出,并逐渐成为主要矛盾,道德教育就被赋予了新的历史使命,除了调节人与人、人与社会的关系,还要调节人与自然之间的关系,道德教育的原则和规范也随之从原来的社会领域延伸到了自然领域,使道德教育可以指导人类科学地处理人和自然之间的相互关系,指导人类在追求社会经济发展和人民生活水平提高的同时,处理好人与自然之间的关系,努力实现社会经济迅速发展,人民生活水平不断提高,人与自然和谐相处的生存环境。因此,培养绿色道德是学校绿色教育的一个重要目标,主要包括道德行为的评价标准;树立尊重自然的正确的人生观、世界观、价值观;树立保护环境、节约资源光荣,破坏环境、浪费资源可耻的新型道德观;教育学生用人道主义的态度和情感对待自然环境,加强对自然的保护;培养保护自然环境的献身精神;理解大自然和人类的公平关系,二者都享有平等的存在权和发展权;大力宣传生态危机对人类社会的生存和发展所造成的威胁,增强危机感;知道能够平安地生活在地球上是每一个公民所拥有的权利,善待环境是每一个公民的义务等。

3.实践目标

绿色行为指的是人们对自己周围自然环境的反应和行动,可以用来衡量人类绿色道德的高低。绿色行为的基础是个人的道德观念,驱动力是情感意志;培养学生的绿色行为可以提高学生保护环境、节约资源和可持续发展观的绿色意识,从而形成良好的绿色行为习惯。因此,对学生绿色行为的培养可以说是一种养成的教育,可以使学生自觉遵守道德规范,科学地约束自己的行为。学校应创造相应的条件来提高学生的绿色素养,使他们可以自觉地参加到环境保护、资源节约的绿色行为实践过程中,例如普及学生的绿色知识,使他们认识到环境破坏的危害性和自然资源的有限性,意识到保护环境、节约自然资源的重要性,在自己的日常生活中自觉做到节约用水、用电、用煤,节约粮食,进行废物的回收和利用等绿色行为活动；了解噪声对人类健康的危害，使学生有意识地在公共场所自觉保持安静；了解人类和大自然相互依存的关系，明白大自然是人类生存的前提和条件，使学生们主动爱护动物、植物，主动参与到保护大自然的活动中去。除此之外，学生的绿色行为还包括养成良好的生活习惯，例如不随地吐痰，积极参加植树造林，不乱倒垃圾，不乱扔果皮纸屑，关掉水龙头，随手关灯，不踩踏草坪，努力改善自己的工作、学习和生活环境。

如果当代学生想做一个对社会负责的人，无论现在学习的是什么专业或将来从事什么工作，懂得必要的绿色知识，培养良好的绿色行为，树立良好的绿色道德，都会对整个社会产生良好的效益。已有大量事实表明，学生绿色行为实施的好坏对整个社会都有很大的影响力，而学生绿色行为的培养则来自绿色知识的传授、绿色意识的加强和绿色道德的形成。为实施人类可持续发展战略，绿色教育正努力使一种新的道德标准——可持续生活的道德标准——得到广泛传播和大力支持，并将其原则转化为行动。

4.技能目标

提高学生的绿色技能是学校进行绿色教育的又一重要目标，即使学生通过绿色教育具备以下基本绿色技能：第一，可以辨别和确定问题。学生通过绿色教育可以有辨别和确定与自己的专业、工作或日常生活相关的各种环境资源问题，如固体物质的调查和处理、水质问题、大气的分析和检测、噪声的控制或监测等。通过培养与训练，可以提高学生的观察能力和实际操作能力，为以后更深层次地学习绿色教育理论，自己动手解决身边的环境资源问题，顺利实施可持续发展打下良好的基础。第二，可以科学地分析问题。要想有效地解决各种环境资源问题，仅能辨别和确定问题是远远不够的，还需要具有科学分析问题的能力。在绿色教育过程中，学校可以充分夯实学生的专业知识，使学生能从理论层次上更加系统科学地分析各种环境资源问题。例如，对农学专业的学生，可以培养从农学的立场分析水土流失、土壤退化等环境问题，为问题的顺利解决做好准备。第三,可以提出解决问题的方法。学生在具备辨别和确定问题、科学地分析问题的技能外,还要具备提出解决问题方法的能力,形成有效的解决方案。例如,学生提出如何美化校园的设想报告,提出解决当地环境问题的建议书等。除了这些技能以外,还应该培养学生解决突发的各种环境问题的能力,如面对火灾、水灾、地震等,可以迅速运用所学知识和技能摆脱困境。

学校绿色教育的四个目标相互区别、相互联系、互相促进、互相依赖,推广绿色知识是基础,增强绿色理念和培养绿色道德是灵魂,实施绿色行为和提高绿色技能是成果。学校绿色教育是对学生进行知识、价值观和实践的整体培训过程,它不是一门单独的学科,而是可以渗透到各种不同学科的教学过程中,最终使其内化为学生的理念和行为的过程。

3.2.4　学校绿色教育的要点

在学校组织绿色教育实施的过程中,要始终以马克思主义生态观为指导,与我国的具体生态环境、教育现状相结合。在教育形式上要坚持把大众教育与全程教育相结合、整体教育与系统教育相结合、理论教育与践行教育相结合的原则。在建设绿色教育体系时要从运行机制、保障机制、评价机制三个维度入手,稳步推进绿色教育在我国的发展。

1.以马克思主义的生态文明观作为学校绿色教育的理论指导

所谓生态文明,是指人类在经济和社会活动中,遵循自然发展规律、经济发展规律、社会发展规律和个体的自我发展规律,积极改善和优化人与自然、人与人、人与社会的关系,为经济和社会的可持续发展所做的一切努力和取得的一切成果。虽然在马克思主义经典文学中没有直接提到生态文明的概念,但马克思主义中有许多可以视为生态因素的理论。马克思主义作为研究自然、社会和人类发展规律的理论体系,阐述了人的本质、人与人、人与社会、自然与社会的关系。因此,我们可以从这一理论体系中发现和整理出丰富的生态文明观,尤其是人与自然、自然与社会关系理论。比如,《1844》《1844 年哲学和经济学手稿》《自然辩证法》《资本论》等经典著作,均对马克思主义的生态文明观进行了较为深入的解释。

　　马克思主义实践论摒弃了人与自然的二元对立,把人与自然的关系从实践的角度进行了说明。1844 年,马克思便在他的哲学和经济学手稿中提出了自然界是"人类的无机体"的观点。这种人与自然之间的有机联系,在多维层面上付诸实践。马克思和恩格斯指出,人与自然有着不可分割的联系,二者是内在统一的。首先,人是自然界发展到一定阶段的产物,是随着自然环境发展起来的,"历史本身是自然界成为人的过程中的一个现实部分"。其次,人本身是自然存在的,是自然的一部分。第三,自然界对于人类的生存和发展是不可或缺的,在自然界中只要不是人体本身,就是人的无机身体。人类生活在自然界,自然界是人类的身体,为了不死,人类必须不断地与之交流。因此,自然界是人类赖以生存和发展的资源。

　　根据马克思和恩格斯的观点,人作为自然界不可分割的一部分的客观地位决定了人不应该把自己看作自然界的征服者或统治者,而是自然界的一员。但人类可以通过生产实践改造自然界,自然界对人类显示出其存在的意义和生存的价值。人类通过自身的生产活动与自然界紧密联系在一起,构成了一个有机整体,形成相互依存的关系。

　　因此,教育活动在关注"以人为本"的同时,应该更加注重以人与自然的协调发展为基础。历史唯物主义认为,人类社会的发展经历了一个由低级到高级的过程。生态文明既是一个历史问题,也是一个发展问题。只有生产力不断发展,生产关系不断转变,生产方式不断进步,生态文明才能在历史上得以实现。也就是说,从人与自然关系的历史视角来看,人类社会在其发展过程中所经历的社会形态包括以下三个阶段:第一阶段是人类向自然投降的农业文明阶段,第二阶段是人类统治自然的工业文明阶段,第三阶段是人类与自然和谐相处的阶段。在农业文明时代,人类对自然的影响非常微弱,人与自然之间存在着基本的和谐(即低层次的生态和谐)。在工业文明时代,随着人类对自然的大规模开发,出现了生态危机,人类开始寻求摆脱危机的出路,努力实现人与自然的和谐,使生态文明取代工业文明成为社会发展的必然。因此,从社会系统的角度观察和判断人与自然的具体历史关系,是马克思主义生态观的一个重要内容。社会关系作为人与自然关系的历史条件,其状态直接影响着人与自然关系。社会关系的对立或和谐必然导致人与自然的对立或和谐,特别是工业革命以来更是这样。因此,我们应该在社会关系的基础上认识和协调人与自然的关系。

2.在绿色教育中落实"人才强国"战略

加快建设"人才强国"战略是党和国家的重大战略决策。人才强国战略是在 2003 年全国人才工作会议上提出的。2007 年,党的十七大制定了三个国民经济和社会发展战略:人才强国战略、科教兴国战略和可持续发展战略。党的十八大后,党中央把"人才强国"战略放在了更加突出的位置。习近平总书记多次做出重要指示,提出了一系列新思想、新观点、新判断,为加快建设人才强国指明了方向,提供了依据。党的十九大报告指出,人才是实现目标、赢得国际竞争主动权的战略资源。"人才强国"战略的实施,不仅可以极大地调动各类人才的积极性和创造性,还可以激发中国经济社会各项事业发展的活力。实践证明,实施"人才强国"战略是实现国家富强和民族振兴的重要举措,是"五位一体"和"四个全面"战略布局总体布局的重要保证。

3.3 学校绿色教育机制构建

我国现行的教育体系涵盖课程体系、培训体系和实践体系三个方面。据此,学校绿色教育主要应该从运行机制、保障机制和评价机制三个方面展开(图 3-1)。其中运行机制要关注学科建设、课程建设、第二课堂、课外实践等方面;保障机制主要包括师资队伍建设、校园生态文化建设两个部分;评价机制包括学校内部组织绩效评价、教师评价和学生评价三个维度。

　　学校的绿色教育可从设立绿色专业、在课程和实践活动中加入相关内容或进行个案研究等角度来推动,达到实践绿色理念、提高绿色发展意识和加强绿色技能的教育目标。由于学科和行业背景的不同,不同学校绿色教育的发展也不尽相同。在最初的环境教育中,国外的教育机构会为环境专业的学生开设更加深入的环境相关课程,也会为教师们提供环境教育在职培训。国内的教育机构,比如清华大学,主要设置绿色教育课程、鼓励课外实践、举办绿色论坛等项目。这些环境教育的策略都为目前国内开展绿色教育起了很大的借鉴作用。

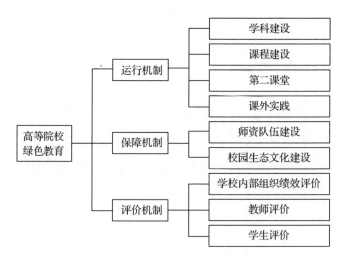

图 3-1　学校绿色教育机制的建设

3.3.1　学校绿色教育运行机制建设

　　要想顺利实施绿色教育,学校应充分整合和利用教学资源、拓宽教学渠道,从学科建设到课程设计、从理论教学到实践应用、从课堂学习到课外实践来实现教学效果的最大化,使学生真正"学会应用",成为具有绿色理念和绿色特长的绿色人才。但是,绿色教育的缺失仍然是学校普遍存在的问题,很多学校没有做出系统的计划,绿色教育没有被运用到学生的发展目标和培养计划中,而且绿色教育体系相对不完善,没有深入到学科建设中。此外,绿色师资的欠缺也使得绿色教育很难有效实施。因此,应该从学校培育绿色人才的角度,结合教师的教学实践和学生的学习过程,明确绿色教育的内涵和主要组成部分,以促进学校绿色教育的发展。

1.学科建设

我国要在教育机构实施绿色教育,必须要在学科建设和学生的培养计划中体现出来,此为培养绿色人才的重要一步,只有这样才能够更好地统一安排学校资源和各种要素。将绿色教育纳入学科建设,找到推动绿色教育发展的主要动力,坚持在学科建设中加强人才培养的指导思想,才能从学校整体发展的角度推动绿色教育。

绿色教育在中小学阶段需要通过提升学生的环保意识并结合课外实践来培养学生的行动能力,而高等院校的绿色教育更加重视学科的研究和建设。因此,需要鼓励高校调整学校课程和学科结构,促进对绿色教育学的系统研究,促进环境教育学和其他学科的交叉发展,使各个学科能够联系起来。同时,国内绿色教育学科建设可以从其他国家的绿色教育学科发展和研究的先进经验和最新成果中得到启示,与其他国家建立更多的合作,让国内外绿色教育得到双赢发展。

学科建设一般是整个科学体系中学术相对独立的内容,这既是对学术进行分类,也是教学科目设置的基础,主要包含三个方面:首先是形成科学学术体系的各个分支;其次是要在对应的研究领域生成专门的知识;最后要为科学研究工作配备专门的人员队伍和设施。因此,在制定绿色学科规划的时候,需要制定各个学位点,研究好计划建设和进一步发展的学科,规划各个学科需要的课程以形成课程体系和教学要求,配备相应的师资队伍,拟定教育目标,配备各种教育设施等。学校在规划绿色学科时,需要依据既有的行业现状或学科的基础和优势,在充分调研的前提下,设置独具特色的学科规划。

同时,根据指定的绿色学科规划,保证在绿色人才培养上拥有有确定的专业方向、培养模式和发展方向,设置课外实践基地,让学生可以得到全方位的提升,具备明确的未来职业规划,为社会提供更多的多学科、宽领域的绿色人才。学校在进行绿色学科规划时还要加强国际交流,借鉴国外综合性和跨学科学校绿色教育方面的学科建设和科研经验,同时基于我国发展现状,提高绿色学科的发展要求。

2.课程建设

课程体系建设是灵魂,包括理论分析和专题讲解、典型案例分析、学生参与、撰写论文等形式。为了适应绿色教育的要求,需要优化甚至重新建立支撑绿色教育课程的教育体系,精心设计具有广泛性、学科交叉和符合现代社会发展的课程内容,进一步调整课程的结构体系和设计内含绿色课程的指导纲要,使绿色课程系统化和可操作化。通过自媒体技术、慕课以及其他实践考核等方式,加强对学生绿色知识的练习和考核,提高学习效果。

想要开展绿色教育,必须制定完善的课程体系,这是推动绿色教育发展的必由之路,也基本的手段和载体,也是鼓励老师主动参与建立“绿色学校”项目的重要机制和方略。根据现行绿色课程和教学内容,学校还需要开发、设置以及优化更多适宜、丰富的课程和内容,尤其是基于交叉学科的课程和内容。绿色课程内容应根据未来可持续发展的需求和挑战设置,不仅要有合理的规划,还要根据可持续发展规律有步骤地进行“超前”设计,积极开拓学生绿色思维。因此,绿色课程首先要建立先进学科理论体系,从概念介绍到理论阐述,使学生能够系统、完整、全面地掌握理论体系。

首先,在专业基础知识与专业技能的课程中渗透绿色理念。在课程的不同章节和内容的推进中,有意识穿插和渗透绿色理念,通过相关理论和技能的教学,绿色理念得到持续巩固和强化。在课程中积极组织学生对相关问题进行讨论,将绿色理念渗透到政府管理、企业经营、人才培养、科学研究、日常生活中,也让学生能够有更多的机会站在绿色发展的角度去考虑绿色理念的融合,将理论应用到实际问题中,加深学生对该理念的熟悉度和理解程度,这有利于将绿色发展的不同层次和阶段流畅衔接,避免孤立、单一角度看问题。

其次,编制绿色教育主题的教材和讲义。要想稳步推进绿色教育,教材和讲义的编制是必须要重视的工作,学校应鼓励和组织教师深化绿色教育理论的研究,在实践的基础上开发绿色案例。以此为前提,根据教学过程中实践效果,依据各个学科的发展目标、方向和计划,基于绿色课程设计的总体规定,完善绿色理论体系,综合开发和引用绿色案例,编著相关主题的教材和讲义,开发绿色课程。各学校可以根据自身学科优势和行业背景,开设具有自身特色的课程,进一步完善绿色教育主题的教材和讲义。

最后,适当开设一些案例教学活动。绿色教育不仅要在传统的教学方式上做出努力,还应该鼓励教师在教学过程中加上相关优秀案例。案例教学是一种价值教育、自由教育和启发学生思维的教学方式,教师可以融合情景模拟,从案例挑选、情境设计、任务设置、角色扮演、过程把控、评价点评等各个角度来设计,让绿色理念更具体化、生动化,在此基础上,让学生主动投入案例的分析中,以学到的绿色知识来探索解决实际生活中的问题,真正做到学以致用。关于教学方式,教师还可以跳出传统讲授式课堂,采用情境化教学、翻转课堂等多种形式。比如,教师可以利用企业中实际案例管理的方式设置情境,把学生引入相应的情境探索研究,这样不仅可以更好地引起学生的学习兴趣,提升学习效率,还可以改变理论与实践相分割的情况。

3.第二课堂

如果把根据教材及课程纲要在指定教学时间内进行的课堂活动称为第一课堂的话,第二课堂则是在第一课堂以外的时间进行与第一课堂有关的教学活动。从教学内容上看,第二课堂来源于教材,但不局限于教材,不需要考试,但却是素质教育的重要组成部分;形式上活泼,丰富多彩,学习场地非常广阔:可以在教室里,也可以在操场上,可以在学校里,也可以在社区或家庭里进行。

通过第二课堂进行绿色教育,能从不同的角度提高学生的学习效果。比如在世界环境日,学校可组织绿色知识宣传周,在学生刚入学的时候就可以组织学生参观环境保护教育基地,比较成功的绿色企业,使新生尽早接触绿色知识,体会到生态环境的价值、感悟人与自然的关系,还可以进一步引导学生发现自己的兴趣和特长,找到适合自己的发展路径。

4.实践活动

绿色教育的内容不仅包含绿色自然科学知识与绿色人文社会科学知识,也包括社会、经济、政治、文化、自然等方面的知识,具有很强的实践性。因此,实践是推进绿色教育的关键,要使绿色发展理念能够体现在课外实践活动中,实现绿色技术的实施和企业管理技能的提高,必须提高学生的实践能力。同时,课程教学需要创造良好的学习环境,强化学生的绿色观念,鼓励他们采取绿色行为。学校绿色教育可以从绿色学科建设、绿色教师团队设立、绿色课程设置、绿色知识实践、绿色实践调研、绿色氛围营造六个方面展开。

在英国,高校认为环境教育的主要目标包括知识、行为和技能,即通过课堂环境教育教学,学生掌握基本环境教育知识,通过完成课外练习,让学生将知识应用到实践中。除了设置和环境有关的学校课程外,还有许多与环境科学和环境教育有关的研究,如界定环境教育的范围、制定环境教育的教学目的、比较各种教学方法的优缺点等。因此,有必要将教育教学、科研与校内外实践相结合,以培养学生运用多学科知识探索、发现、分析和解决问题的能力。结合国内外的环境教育经验,在我国的绿色教育中,可以通过以下三种方式来实施。

一是组织开展相关活动,营造绿色理念氛围,在不知不觉中深化学生的绿色意识。组织绿色知识研讨会和论坛,邀请相关学科的专家学者,为学生传授专业化、多元化的内容,营造专业化的学术氛围。还可以举办绿色知识竞赛、辩论赛和案例竞赛等活动,这不仅可以强化学生的绿色知识体系,还可以拓展思维的多样性。

二是鼓励学生调查研究。通过鼓励学生使用先进的学习工具和引导其自主、协作、创造性地应用多学科知识,让学生在实践过程中把这些知识转变为自己能够灵活运用的综合技能。鼓励师生共同合作或让学生选择相关课题,组织学生研究具有绿色发展理念和实践的企业和社区,研究居民的绿色消费意识和其他市场状况进行实地调查和访谈,体验管理、经营和生活的真实环境,绿色发展的战略思维、实际操作和相关保障措施,以获得更多教科书中不能涵盖和体验的知识点,并亲自了解绿色课程的内容。编写调查结果报告,巩固学生的绿色知识体系,加强和推广绿色分析的逻辑思维。

三是对学生掌握的知识和能力进行评价。加强学生课程评价的绿色内容等因素,或要求学生参与实习或实践,并作为必修环节。鼓励学生为他们的论文或设计做更多关于绿色主题的研究。

3.3.2　学校绿色教育保障机制建设

1.师资队伍建设

一流学校拥有一流的师资队伍,教师学历、接受的学术训练质量都很重要。要想开展绿色教育,必须先培养绿色的师资团队,将绿色教育的理念和价值融入教师思想中,这是确保绿色理念融入学科的前提。因此,确保高水平的绿色教育师资团队,是保持高水平绿色研究、高质量绿色人才培养的基础。可以通过组织一些绿色教育的在职培训和讨论会、师资国际化等方式强化教师队伍建设。

教师不仅是课程知识的核心传递者,更是将绿色教育理念融入教学的重要实施者。所以,培养教师的绿色教育意识同样是实施绿色教育的重要环节,也是绿色知识传递和绿色教育探索的必备条件。因此,打造合格的教师团队和学术团体是确保绿色教育的条件和重要手段,提高教师的绿色素质是实施绿色教育的环节之一,主要可以通过以下方式落实。第一,绿色培训。经常组织绿色教育的培训和研讨活动,帮助教师们建立绿色教育的意识,学会绿色教学的方法,提高绿色授课能力和效果,参与国内外相关的教学和科研训练和研究。第二,设置绿色研究预算。积极鼓励教师进行相关技术和企业管理案例研究,编写绿色管理案例和绿色教育相关专题文章,各个学校依据自己的专业背景和学科特点构建相关绿色理论体系,开发绿色技术。特别是鼓励中外合作研究,主动借鉴国际上的先进理念和方法。第三,聘请绿色师资。除了在学校内部培训绿色教师外,还应该从国内外其他学校聘请相关教师,努力壮大绿色教师队伍。依靠绿色教学团队的组建,除了能建立和优化绿色课程教学团队,还能够完善绿色发展的理论体系和技术研究与开发,建设科研团队,深入开展绿色教学与研究。此外,学校可利用互联网建立教育及教学研究的互动平台,引进相关领域的专家或企业高层担任社交教师,为教师提供资讯支援及个案储备,或为学生提供学习及实践环保的机会,或通过环保研讨会及论坛,分享环保实践的经验。

2.绿色校园文化建设

中国共产党第十八次全国代表大会将马克思主义生态观与当今的时代特征结合起来,再次加深了中国特色社会主义理论体系的内涵,依据可持续发展的时代潮流和社会主义现代化建设的需要,把生态文明建设和经济、政治、文化、社会建设一同作为五位一体的总体布局,指导中国特色社会主义事业的发展。党的十八大发出了努力建设美丽中国、实现中华民族可持续发展、争创社会主义生态文明新时代的号召。校园文化对大学生价值观和行为的形成具有很大的影响。学校作为培养中国特色社会主义事业建设者和接班人的重要平台,应该积极响应中国特色社会主义的时代要求,加强生态文明的宣传教育,建设绿色校园文化。

要营造拥有绿色教育思想的精神文化氛围,在开展学校绿色教育的同时,还需把精神文化环境的建立作为一个重要的任务来对待,通过知识讲座、研讨会、辩论会、座谈会、表演和比赛等多种方式开展精彩的校园文化活动,普及绿色教育相关知识,宣传环境保护、资源节约、环境法制、环境伦理、可持续发展等方面的理念,引导学生建立正确的绿色意识,激励学生关心和参与绿色教育事业,促进学生实施绿色行为。此外,还可以通过课外科研活动,鼓励并支持学生进行与绿色教育相关的制作和发明,让学生在制作和研究活动过程中,建立起保护环境的行为模式。引导学生从绿色教育的角度出发美化校园。比如,设计与绿色教育有关的景观和设施等。尽管我国越来越重视绿色教育氛围的形成,但目前学校绿色教育氛围的形成还需要政府和相关部门的支持以及大众媒体的宣传。绿色精神文化环境的建设与绿色教育实践密不可分,可以共同推进学校绿色教育的发展。

(1)建立绿色校园文化的必要性

绿色教育工作者应从世情、国情、校情等角度,理解构建绿色校园文化对于绿色教育事业发展的必要性。

首先,绿色校园文化建设源于国际绿色教育发展趋势。德班气候大会于 2011 年 11 月举行,当时全球环境十分恶劣。国际上很多高校都频繁组织研讨会,并进行了相关的研究。实际上德班气候会议之前便有很多高校开始重视绿色教育,比如麻省理工学院在 1984 年前便将绿色教育当作校园文明教育的一部分。当时提到的绿色教育,要求将环境保护和可持续发展的意识深层次地融入自然科学、技术科学、人文科学和社会科学的教学和实践中,并将其看作学生基础知识架构和综合素质的一部分。

其次,绿色校园文化的建设是我国当代社会发展的需要。中国共产党第十八次全国代表大会报告曾经做出重要指示:"生态文明建设是一项关系到人民福祉和国家前途的长远而宏伟的计划。"面对自然资源紧张、环境污染严重、生态系统退化的严峻形势,秉持尊重自然、顺应自然、保护自然的生态文明理念便显得尤为重要,在绿色教育过程中必须把生态文明建设摆到重要位置。从一定程度上说,生态文明建设是我国目前面对的一个重要问题,牺牲环境换取经济的观念早已经被完全推翻,不关注生态环境,最终将会对我国的改革开放进程和社会主义现代化建设产生重要的影响。实际上,强调生态文明建设,最基础也最重要的便是提高全民关注环境的意识。在这方面,学校肩负着不可推卸的重要责任。《国家环境宣传教育行动计划(2011—2015 年)》呼吁将环境教育加入教学计划中,将环境教育作为学生通识教育的重要组成部分,并呼吁创建"绿色学校"。所以,需要将提升绿色教育的教学质量跟绿色校园文化的建设相结合,重视对学生进行生态文明教育,倡导可持续发展观,培育具有绿色环保意识和绿色技能的优秀青年学生。

最后,绿色校园文化建设体现"精品教学"思想的要求,不仅展现了全面、协调、可持续的科学发展观,还要求"过程与结果并重""科学思想和人文思想相统一"。绿色校园文化建设强调吸收引用各种现代教育方法,尽可能追求素质教育的协调、均衡、创新发展。从这一角度来分析,绿色校园文化建设不仅要贯彻全面协调、可持续发展的思想,更符合科学和人文思想;不光要追求校园环境的绿化,还要将环境教育、生态理念、素质教育等贯彻到整个学校的教育教学中,体现在培养学生过程中的绿色化,根据每个学生的个体特征进行有针对性的教育。这种绿色校园文化可以展现出教育思想上的进步与创新,言行上的文明与典雅,心理上的愉悦与健康,竞争中的智慧与合作,评价中的公正与科学。

(2)推动绿色校园教育载体的建设

当今我国呼吁全民建设美丽中国,其中最重要的是从建设培养新一代接班人的美丽校园开始。因此我们需要进一步推动绿色校园的建设,持续改进教育机制,要特别关注以下几点。第一,在学校组织各种活动的时候要注意引导学生积极参与,促进师生互动。这就要求我们不仅要关注绿色教育的工作机制,做好教育教学制度规范。与此同时,还要引导老师和学生建立有关保护环境、发挥自我个性的组织。第二,注重活动的可持续性。要使师生明白,我们赖以生存的环境资源是有限的,应该保护自然资源;还要明白,学生是有自身特性的,是可发展的。第三,注重活动形式的创新。要从学生需求的特点出发,探索当代青少年喜闻乐见、充分发挥学生主体能动性、互动性强、受众广泛的新型创造性活动。第四,活动的影响范围。建设绿色校园文化,不只局限在校园内,而要走出校园,呼吁全民进行生态文明建设,营造关爱生态环境、健康成长的良好氛围。

(3)力求绿色校园文化育人实效

在推动绿色校园文化建设过程中,学校必须引导师生始终做到思想、理论和实践相互联系,从而达到长期有效的成果。第一,要形成眼界开阔、理论和实践并举的绿色文化意识;第二,要培养学生坚持可持续发展、循环使用的文化;第三,要培养学生积极深入地研究、探索实现绿色发展的解决办法;第四,引导学生积极投身于实践活动。

(4)定期总结建设绿色校园文化的经验

绿色校园文化建设是新时代富有创新性的工作,需要在实际推动过程中定期总结经验,时常反思,提高工作的科学化水平。从当前取得的成果可以提炼出很多经验教训。一是以建立制度、强化载体为本,形成共同前进的联合力量。在推动过程中,教育者应该给予必要的重视,时常探讨,建立专属的组织机构,完善制度安排,为全面开展工作打下坚实的基础。此外,还应该充分利用现有的各种教学资源,加强教学、科研、实验室、社团等各种教育载体的教育能力,凝聚成教育协同效应,给予学生更全面、更深入的教育指导。二是要坚定自己的教育理念,建立自身特色,积极创新教育方法。在确立绿色校园文化过程中,要从学生的实际学习、生活情况出发,始终把学生的发展放在首位,采取创新性的教学方式,引导学生主动学习,敢于开拓思维,避免填鸭式教学方法。三是把学生的健康发展当成学校教育的最终目的,为学生提供知识、引导,只有把学生的全面健康可持续发展当作教育的落脚点,把握建设绿色校园文化的精髓。

总之,绿色校园文化建设必须持续引入新思想,创新实践方法。从响应党的十八大精神和中国特色社会主义事业全面发展的理想,深入理解推动绿色校园文化建设的重要性,肩负起建设绿色校园文化的担当,培育更多更好的实用型人才。

3.4　实践案例

3.4.1　案例介绍——信阳高中绿色教育探索与实践

信阳高中位于河南省信阳市浉河区。信阳高中是河南省首批办得较好的省重点中学,省首批示范性高中,是信阳市唯一一所具有向全国重点学校推荐保送生资格的定点学校,也是河南省高考状元数量最多的学校,被誉为"河南高考状元梦工厂"。信阳高中历史悠久,始建于 1938 年,系抗战时期的国立十中。学校在管理实践中始终秉持的理念是,真正的教育应该是充满科学精神和人文情怀的"绿色教育"。科学、人文、绿色应是无比美好的教育梦想,这个梦想至真、至善、至美!

3.4.2　案例分析

1.科学求真,打造管理特色

(1)以科学思想指引发展方向

办什么样的教育,学校向何处去? 思想是先导。在办学过程中秉承追求卓越的办学宗旨,逐步落实对学生终身发展负责,为教师幸福生活铺路的办学理念,认真养成习惯、培育特长的育人理念,逐步形成制度与文化均衡、科学与人文交融的管理特色。努力建设思想解放、课堂民主、学术自由、环境和谐的人文环境,是一所有追求的学校应有的办学思想。

(2)以科学精神搞好教育教学

以科学手段抓好常规教学。学校工作以教学工作为中心,教学工作以常规教学为基础。如制定各年级教学纲要,规范、指导常规教学的各个环节,重视教学督导和过程管理,完善常规教学的领导机制和评价机制,坚持公开课、研讨课、示范课、观摩课的听课制度,坚持集体备课、集体说课和集体评课的教研制度,努力提高常规教学质量,以科学举措引领科研课改。科研和课改是教育教学两个永恒主题。现实中推进科研和课改有很多成功的做法,如健全组织机构,成立学术专业委员会,实施教研组长负责制,设立学术大讲堂,建立机制和平台,加强教学指导和研究等。以科学方法培养一代新人。培养学生,既要树立"以德育人,德育为先"的科学思想,也要运用循序渐进,因材施教、因势利导的科学方法。"习惯、个性、特长"应是学生成才的三个基本要素,而"养成习惯、形成个性、培育特长"则是养成教育的基本方略。

(3)用科学体制成就高效管理

管理体制决定管理效能,体现管理层次。切合实际、行之有效的机制通常有校长负责制、年级负责制、岗位责任制、教研组长负责制、科室负责制等,其中最主要的是年级负责制、教研组长负责制以及科室负责制。在各种负责制外还要建立相应的考评制度(年级量化考评、教研组量化考评、班级量化考评、科室量化考评、教师日常工作量化考评等)。通过建立并优化机制,形成良性竞争和科学评价机制,从而提升教学、学术和管理质量,确保学校健康发展和长治久安。

2.人文崇善,创建和谐校园

(1)用关爱温暖教师心灵

最美的校园会带给人温暖。信阳高中就是这样一个地方。学校每年都会组织教师进行健康体验;每逢重大节日,学校会给教师送去祝福;家有困难,教师总能得到学校的救助;遇到喜事,学校总有人亲临祝贺;教师生病住院,学校总有人前往慰问;教师外出学习、专业成长,学校总是想方设法创造机会;教师的职称评审,学校总是时时放在心上;学校工会组织开展各种活动,老师在活动中传递友谊,愉悦身心,分享快乐。

(2)让校园成为学生成长的港湾

对学生来说,这个家像港湾,让他们倍感温暖;这个家是乐园,让他们健康成长。一位班主任在日记中记下了这样一件事:走进教室,我发现数九寒天一位学生居然没穿袜子!我为这个孩子家境的拮据而心酸,更为他忍受酷寒坚持学习的精神而动容。当即向全班同学提出了一个请求:"同学们,老师想跟你们借点钱,可以吗?"大家片刻的惊讶后纷纷响应,但还是一脸茫然。我接着说:"你们每个拿出一元,我拿出50元,咱们把这笔钱凑在一起捐献给张同学,让他去买双棉鞋,再买几双袜子。"此刻,同学们终于知道了老师"借钱"的真正用意,热烈的掌声瞬间响起。没有人文情怀,校园将是一片荒漠。

3.绿色尚美,追寻理想教育

(1)回归绿色,打造本真教育

让课堂教学充满绿色。信阳高中反对满堂灌,死气沉沉、缺乏互动的课堂,倡导探究课堂、快乐课堂、民主课堂,反对题海战、消耗战,提倡高效率,高质量;反对压作业,拼练习,主张作业适度,实行总量控制,反对过早分科,单一发展,做到开齐课程,培养综合素质;反对加班加点、假期补课,坚持正常休息,确保师生健康。文学社的同学用手中的笔传达心声,讴歌时代;书法社的行、楷、隶、篆翰墨飘香;摄影社的同学用相机捕捉身边的美,定格一个个难忘的瞬间。艺术节,师生载歌载舞,一起点燃篝火,放飞祈愿灯;辩论赛,各年级学生唇枪舌剑、精彩纷呈;春秋两季由学生自主筹办、自主管理的运动会青春激越,活力四射;每天"阳光一小时",学生在跑步、做操、踢毽子、跳绳等户外活动中放松身心;志愿者活动,同学们纷纷走上街头,走进特殊学校,奉献一片爱;十八岁成人仪式上,同学们庄严地举起右手宣誓:做共和国的优秀公民!

(2)营造绿色,优化和谐环境

让绿色环境涵养性情。小桥流水,高阁雅亭;芝兰飘香,佳木投荫。绿意盎然的校园与湖光山色和谐地融合在一起,彰显人与自然的完美统一。绿色的环境让师生的心灵得以净化,性情得到涵养,让绿色文化浸润心灵。传承优秀的传统文化,让师生体味到学校的精神源泉。建设高雅的实体文化,如名人画像、名言警句、文化长廊、校内报刊、画册、校本教材等。打造独特的品牌文化,努力追求清新自然、高雅淡定、书香浓郁的校园文化。绿色的文化浸润心灵,陶冶情操,构建了师生的精神世界。

(3)追寻绿色,强化以德育人

学校追求以高尚的精神教化人、教育人、培养人、引导人、激励人,以传统文化为引领,以传统美德为主线,以"真、善、美"为主题,培养学生形成健全高尚的人格。结合儒家思想和现实要求,提出育人的三境界:第一,做规矩的人,习惯良好,举止得体,言行文明。第二,做善良的人,爱父母,爱自己,爱他人。第三,做高尚的人,有博爱之心,爱社会,爱民族,爱国家,爱人类,做一个顶天立地大写的人。学校大力开展"弘扬美德,感动校园"大型主题教育活动,用身边的人讲述身边的事,教育身边的学生,通过奉献爱心、见义勇为、孝老爱亲的感人故事,在校园、社会撒下美德的光辉,种下仁爱的种子。

第4章 绿色教育与相关规制

　　绿色发展是社会主义生态文明的基石,其关键是教育的绿色化,只有动员和发挥社会不同主体的力量,大力发展绿色教育,才能推动中国特色社会主义生态文明的发展。2014 年修订的《中华人民共和国环境保护法》第九条明确指出,"各级人民政府应当加强环境保护宣传和普及工作,鼓励基层群众性自治组织、社会组织、环境保护志愿者开展环境保护法律法规和环境保护知识的宣传,营造保护环境的良好风气。教育行政部门、学校应当将环境保护知识纳入学校教育内容,培养学生的环境保护意识。新闻媒体应当开展环境保护法律法规和环境保护知识的宣传,对环境违法行为进行舆论监督。"这是第一次以法律的方式规定了绿色教育的实施主体——政府机构、民间组织、教育机构和新闻媒体,使其明确成为绿色教育的四项主要推动力。若要推动绿色教育的良性发展,这四方主体必须彼此合作,形成综合推动力,从而最大效率地促进绿色教育的发展,进一步为形成绿色文化提供强大的力量。

4.1　绿色教育的多元规制

4.1.1　政府部门的绿色教育职能

绿色教育的初衷是培养公民的环保意识,从而促进资源节约和环境保护。就其本质而言,绿色教育是一种公共产品,需要政府进行引导。根据萨缪尔森的定义,公共产品(公共物品)是指这样一种物品:每个人对这种物品的消费,都不会导致其他人对该物品消费的减少,即增加的消费者引起的社会边际成本为零,具有消费的非竞争性和非排他性特点。

绿色教育的发展需要有强大的支持力量,需要我国政府机构的推动和管理。在我国绿色教育发展历程中因为缺少政府足够的支持而产生的问题表明:第一,绿色教育的主导部门应更加明确。教育机构和环保机构缺少深入的探讨、交流与协作,会导致两个部门对于绿色教育的热情都不高。此外,要尽量消除实际推动机构的权力局限性,以免绿色教育的发展在一些领域停滞。第二,政府需要给予绿色教育充足的资金配给,传达政府实现绿色发展的决心。第三,绿色教育需要行之有效的监督评价机制,及时纠错,保证绿色教育不会成为空洞的招牌或保护伞。

4.1.2　民间组织的绿色教育职能

在推动绿色教育的过程中,我们很容易看到政府、企业、社会组织和民间团体的重要性。当今处于国内外环保意识持续加强的大环境下,企业作为社会上的重要组织力量,也成为进行绿色教育的重要平台,绿色管理、绿色经营渐渐变成当今企业追求可持续转型的重要目标。很多行业的企业都渐渐开始转变自己的发展战略,尝试经营转型,以便在日新月异的新时代中获得持续竞争力,企业在生产经营活动中贯彻环保理念,有意识地履行绿色教育的历史责任。企业不仅是市场的主体,同时也是国内绿色教育的一大主体,把绿色教育的思想融入企业的生存经营中去,这是我们在实行社会主义市场经济体制时尤其要注意的地方。第一,企业可以把对员工的绿色教育同时当作本公司的文化宣传活动和履行企业社会责任的过程。第二,企业对于员工的绿色教育可以采取多种形式,比如通过各种讲座、研究学习、绿色实践等多种方式进行内部绿色教育。第三,企业应提供专项绿色教育资金,来保证绿色教育行动的持续推动,并定期检讨、评估和完善自己的教育成果。

非政府组织和非营利组织在绿色教育中的作用也很重要,因为绿色教育本身不是凭一己之力可以完成的,是一个需要各方主体彼此配合的系统工程。政府和教育机构等绿色教育主体有其本身不可逾越的局限性。非政府组织和非营利组织以其特殊性、广泛性、灵活性和公益性成为绿色教育的必要主体。环境教育是一门专业性很强的学科,必须有该领域的研究者进行大量专业知识的研究和论证,但同时也需要大范围和全行业推动。非政府组织和非营利组织同样涵盖了广泛的行业领域,具有很大的影响力,可以在一定程度上为绿色教育提供相应的平台。绿色教育具有一定的灵活性,必须依据特定的环境变化进行调整,非政府组织和非营利组织的制度具有灵活性,能够适应环境教育不断变化的需要。绿色教育具有一种强烈的公益性,这与非政府组织和非营利组织自身的公益性、非营利性刚好符合。因此,非政府组织和非营利组织因其独特的性质而成为绿色教育的主体,能够有效地满足绿色教育的多样化要求。

国内通常将非政府组织和非营利组织称作民间组织。为了最大限度地发挥非政府组织和非营利组织在绿色教育中的影响力、号召力和模范带头作用,政府机关应该采取多种方式来扶持非政府组织和非营利组织的发展,比如采用对其进行财政补贴、公开表扬等方式。通过发挥非政府组织和非营利组织的作用,在更大地范围内推动绿色教育的发展。

4.1.3　新闻媒体的绿色教育职能

新闻媒体是引导公众施行环境保护行为、提高公众绿色教育意识的主体之一,也是公众获取信息的有效渠道之一。新闻媒体的环保宣传工

作对绿色教育工作的推动起着必不可少的作用。新闻媒体应认真落实
《全国环境宣传教育行动纲要(2016—2020 年)》的宣传精神,选择一些与
人民生活和现实密切相关的内容,特别是环保法律知识教育、绿色、节约、
低碳、循环生产案例,运用歌曲、动漫、戏剧、话剧、网络媒体等人民喜爱的
方式普及绿色教育的基本知识、主要环保政策,提升人们的绿色教育意
识,讲解改善环境现状的办法。总而言之,在宣传环保知识、传递环保思
想的时候,新闻媒体起着与政府机构、教育机构和民间组织不同的作用。

4.1.4　学校的绿色教育职能

校园作为绿色教育研究和实施的重要平台,是绿色教育不可或缺的
一个环节。如第三章所述,在推动绿色教育实施的进程中,应该重视学校
的教育职能,在绿色教育课程、学科建设完善、师资力量培养和人才教育
等维度努力完善绿色教育运行机制、保障机制和评价机制。

我国的绿色教育是以中央政府为根本的和唯一的政策指向标,即中
央政府是绿色教育政策的制定者,同时也是执行者,地方政府承担的是绿
色教育的监督者和管理者的角色。绿色教育在中国最大的管理特点就是
宏观战略决策权(办学规模、国家财政支持)高度集中在中央政府;实施性
的工作政策、法规、制度等的决策权在国家各个相关部委。

4.2　绿色教育中的政府规制

4.2.1　健全国家政策法规,当好绿色教育发展的立法者

随着绿色教育越来越受到联合国等国际组织和各国政府的高度重
视,各方逐渐把教育作为保护和改善环境的重要手段。如日本制定的《环
境基本法》和美国制定的《环境教育法》等,都确保了环境教育的法律地
位,加强和完善了环境教育的法规和制度,这为环境教育工作的有效实施

提供了前提和基础,保证了环境教育的有力开展。如美国专门由政府对环境教育进行资金支持,联邦和州政府还制定了环境教育法和方针,以保障各个环节的顺利进行。英国由教育和科学部颁布了一系列规章制度,用以明确环境教育的目标,引导具体的环境教育研究。政策和财政的支持使得这些国家能够更好地开展环境教育。因此,从国外的经验可以看出,法律和国家政策的支持是高效实施绿色教育的强大后盾,我国应保证国家对绿色教育在法律、法规及政策上的积极引导作用,完善学校绿色教育的计划和方针,并与学校教育整体改革计划方针密切配合。

当今时代,为了应对环境恶化、气候变暖、经济复苏乏力的情况,国际经济发展不断寻找新的发展方式。例如,美国、欧盟、韩国等纷纷提出绿色发展战略,实施"绿色新政"。韩国政府在 2008 年就出台了《低碳绿色增长战略》,代表着韩国接下来经济发展的新方向。2010 年 1 月,韩国政府制定了《低碳绿色增长基本法》,再次用法律的方式表明了政府发展绿色经济的坚定意图。韩国的绿色发展之所以可以位于世界前列,政府机构在绿色发展中所起到的作用是必不可少的。实际上,中国的"十一五"规划中早将节能减排看作经济发展的限制性指标,明确了很多节能减排、环境保护重大工程及淘汰落后产能的目标,展现了绿色发展的思想。在"十二五"规划中,实现绿色发展开始变成其中的重要内容。学者胡鞍钢认为,"十二五"规划的新增内容就是绿色发展,第一次以"绿色发展"为主要内容来探讨建设"两型"(资源节约型、环境友好型)社会,是中国第一个绿色发展规划,成为我国 21 世纪上半叶实现绿色现代化的历史起点。世界各国对我国的"十二五"规划给予高度评价的原因之一就是该文件所规定的政策、方法和目标鲜明地体现了绿色低碳发展的要求。当然只有这些是远远不够的,各级政府还应该总结借鉴其他国家的实施经验,明确我国的绿色发展战略,勾画出全国绿色发展的蓝图。

近年来,在国家的国民经济和社会发展规划中,一直有保护环境、绿色发展的目标、任务和举措。"十三五"规划提出生态环境质量总体改善,生产方式和生活方式绿色、低碳水平上升。以提高环境质量为核心,以解决生态环境领域突出问题为重点,规划强调加大生态环境保护力度,提高资源利用效率,为人民提供更多优质生态产品,协同推进人民富裕、国家富强、中国美丽。"十四五"规划提出:广泛形成绿色生产生活方式,碳排放达峰后稳中有降,生态环境根本好转,美丽中国建设目标基本实现。推动绿色发展,促进人与自然和谐共生。坚持绿水青山就是金山银山理念,坚持尊重自然、顺应自然、保护自然,坚持节约优先、保护优先、自然恢复为主,实施可持续发展战略,完善生态文明领域统筹协调机制,构建生态文明体系,推动经济社会发展全面绿色转型,建设美丽中国。

在绿色发展中的一个重要模块就是绿色教育的发展,急需建立现代绿色教育体系,而实现绿色教育目标离不开完善的法律法规保障,从而规范和约束学校的各项工作,减少或避免在绿色教育管理上产生缺位或越位的行为。因此,在健全相关国家政策法规的基础上,地方政府应根据各地学校教育开展的具体情况,明确地方绿色教育发展目标,编制地方学校绿色教育发展规划,制定和执行地方性法规来加强对绿色教育的行政管理和运行调节,真正实现绿色教育可持续发展。具体可以从以下两方面展开。

1.加快制定地方性政策法规

地方政府应当充分利用已经获得的地方性法规立法权,参考国外发达国家和国内发达地区的绿色教育法律法规内容,根据地方政府的实际情况,对绿色教育的内涵范围、学校设立、专业设置、支持方式、部门职责分工等内容做出详细规定,对地方政府管理中绿色教育的行政行为、各级学校的办学行为以及行业、企业等各类社会主体参与绿色教育的责任和义务产生法律约束,尤其是确保地方政府各级部门按照分工严格履行各自职能,从法律制度层面上减少权力寻租行为,防止绿色教育中的各种职能越位和缺位的行为。省教育厅、省人力资源和社会保障厅、省财政厅、省发展与改革委员会、省科学技术厅等省级机关及下级机关也要根据地方性法规的内容和部门职责分工,抓紧出台本部门支持绿色教育发展的规范性文件,从而形成地方政府发展绿色教育的政策合力和部门合力。

2.加大监督和执法力度

我们要充分发挥绿色教育法规的作用,必须依靠政府加强绿色教育法规的宣传、监督和执行。

第一,加强法治宣传。政府应将国家、省、市关于绿色教育的法律法规纳入各级政府和行政部门主要领导每年普法的重要内容,不断提高政府行政人员的法律意识。充分利用报纸、电视、微博、微信这些媒体来宣传绿色教育政策,加强全社会依法理解、支持、参与和监督绿色教育发展的法制氛围。与此同时,应该针对绿色教育法例进行专题研究,通过自主深入学习、宣传和公开演讲,不断提升绿色教育从业人员的法律意识和水平。

第二,提升监督执法力度。绿色教育政策涉及政府许多行政部门、各级学校、市场行业、社会组织和学生,执法部门很难保证法律法规的充分执行。因此,在实践中,各地政府应积极发挥各级行政部门,各级人大、政协,社会媒体和参与绿色教育的学生家长的监督作用。此外,可以在教育局以及人力资源和社会保障局内设立专门的法律监督组织,借鉴率先发起绿色教育的国家有关监督绿色教育实施的做法,针对早已颁布和实施的绿色教育法律法规的实施情况进行实时咨询、监督和审查。同时,任何违反绿色教育法律法规的学校、企业和其他主体均应该对其执行严格的法律责任制度,保护绿色教育法律法规的权威。

4.2.2　改革行政管理体制,当好绿色教育发展的改革者

由于我国的绿色教育发展正处于初期探索阶段,存在诸多问题,特别是落后的管理体制,因此,加快绿色教育管理体制改革应当成为政府找准角色定位、推动绿色教育发展的重要任务。除了借鉴各国绿色教育的管理模式,还要结合本国国情。绿色教育管理体制应当由过去的"政府单一管理模式"向"多元管理模式"转变,即改变"集权管理、封闭办学"的传统

管理模式,按照"改革、开放、多元"的思路,引入市场调节机制和社会资本参与。

在近现代史中,西方经济的发展历程是由"市场调节"发展到"政府干预"的。"看不见的手"理论由近代经济学的先驱亚当·斯密首先提出的,表达了人们生活的资源能够依赖市场的调节达到最优的配置,人们的需求同样能获得相应的满足。不过人们对"市场调节"的依赖被二十世纪初的世界经济危机所打破,开始对市场这只"看不见的手"产生怀疑。也正是因为这个原因,后期的经济学家提出了"市场失灵"的理论,呼吁通过政府的适当干预来调节"市场失灵"的现象,由此,"市场失灵"理论变成了由市场经济转向政府干预的一个节点。随着我国教育事业的不断发展,人们渐渐发现市场调节往往导致教育的盲目发展,造成教育资源的浪费和严重的生产过剩,整个教育活动有可能过度商业化;更严重的是,由于市场体系的力量是分散和自我流动的,学校的意志常常因为内部努力的不同步而被破坏,最终造成教育质量的降低。为此,政府应该对教育系统给予必要的管理,保证应有的教育秩序,使教育得到科学化、法治化的发展。政府应发挥宏观调控作用,发挥市场在资源配置中的基础性作用,在各级政府部门的宏观指导下,形成全面统筹协调、各级学校自主办学、市场积极参与的绿色教育管理新体制。政府部门应引导各级学校打破传统办学模式,积极创新,创造一种能体现绿色教育理念的多元化现代办学模式。

首先,创新办学体制。地方政府可以通过制定扶持政策、设立专项基金、给予财政补贴等方式,积极鼓励和支持各类社会力量通过合资、合作等方式参与绿色教育,允许各类社会主体以资本、知识、技术、管理等要素参与绿色教育办学并享有对应权利,大胆探索发展一批股份制、混合所有制等新型体制学校。同时,要鼓励现有的公办学校创新管理模式,引进民办运行机制,探索与企事业单位、其他教育机构、社会团体及个人合作办学,提高学校办学效率和办学质量。

其次,丰富办学模式。学历教育与人本教育是绿色教育的"两条腿",

二者缺一不可。政府部门尤其是地方政府应当鼓励各级学校改变目前"一条腿长、一条腿短"的办学局面,在继续发挥学历教育长处的同时,尽快补足绿色理念以及可持续发展理念培训的短板。推动各学校坚持学历教育与人本教育并举、技能培训与思想培训相结合,打破原来单一的学历教育模式。各级学校的绿色教育也要以经济社会需求为准则,向社会开放各类培训资源,为企业、行业开展形式多样、长短结合的绿色教育,为社会培养更多的创新型人才。

转变政府管理意识是基于绿色教育长远发展视角下的必然选择,是优化绿色教育政府职能的关键一步。要保持绿色教育在未来的长远发展,发挥绿色教育的应有效能,就必须打破当前绿色教育公共治理中政府定位不清的僵局,重新审视政府职能,明确政府在绿色教育公共治理中的角色定位,从事无巨细到宏观调控,从集权到分权,从封闭到竞争,从强制型向服务型转变。

1.宏观调控

根据《国家中长期教育改革和发展规划纲要 2010—2020》的文件精神,需要分权管理,转变职能。宏观管理是政府在当前及今后的教育管理中的重要任务,要改变以往直接进行行政管理的管理模式,从绿色教育事业长远发展的角度进行宏观调控。要转变以往的官本位思想,从行政领导者的角色换位为统筹者、规划者、协调者,从宏观角度协调各方资源,对学校长远发展进行规划。要从大政方针层面对绿色教育公共治理工作进行指导,制定标准,完善法律法规,做好预算投入工作。政府、学校以及社会各方关系应根据当前社会发展需要尽快重新确立,做好权力转移工作,化总揽权力的管理局面为政府有限管理,保留、完善宏观调控权力,对政府难以胜任的职能权力进行平移或下放,强化公共服务职能,寻求更适于绿色教育公共治理的中介机构或其他职能部门承担部分管理职能,逐步将政府对学校的直接管理转变为间接管理。政府主抓宏观调控、权力下放的绿色教育公共治理不仅可以避免政府行政的触手管得过宽、过深,还能够节约行政管理成本,充分发挥不同主体的专业优势,激发各方活力,促成绿色教育公共治理工作的良性互动。

2.打破管理僵局

我国已从计划经济体制进入市场经济体制,作为具有准公共产品属性的绿色教育应从政府独揽向市场化转变。理顺政府与市场之间的关系是绿色教育市场化的关键一步,绿色教育体制改革能否取得圆满成功很大程度上取决于此。在承认市场在绿色教育中的主体地位的同时,政府还需引入竞争机制,从而打破一潭死水的局面。我国绿色教育市场化还处于初级阶段,而成熟、规范的市场体制并不是一蹴而就的,也不是任其自然发展所能形成的,规范化的成熟市场的形成是一个漫长而又复杂的过程,其间涉及的因素众多,需要良好的政策环境,通过竞争促使绿色教育市场走向成熟,走向规范。而市场也会出现失灵的现象,需要政府的参与和引导。因此,政府在竞争型的绿色教育市场中扮演着多重角色,既是规则的制定者,又是秩序的维护者,同时还是市场行为的监督者与争端发生时的调解仲裁者。介于绿色教育市场体制下政府职能多重角色的需要,政府亦应从宏观层面对市场化的绿色教育进行调控,制定法律法规,确立学校市场地位。要做到权责分明,剔除不合理的规章条文,突破不合理的制度约束,打造自由化的竞争型绿色教育市场。要根据公平竞争的原则清除特权,打破封锁与垄断,营造公平、公正的市场氛围。在绿色教育市场化的办学模式下,政府要充当公办学校与民办学校的桥梁,化解两者之间的矛盾冲突,做好协调工作。要不断加强绿色教育市场的竞争机制,促进教育公共产品的合理竞争,为民众提供更多的选择,在竞争中激发学校活力。要建立必要的监督体系与违法惩处机制,督促参与各方合法开展办学工作,通过法律法规加速规范化竞争市场的形成。

3.清除官本位思想

服务型政府与强制型政府不同的是,服务型政府有着多层内涵,从绿色教育公共治理的角度来看,其权力有限,主要通过"无形的手"对绿色教育进行管理,其实现首先需要清除官本位的管理思想。政府的权力是法律赋予的,在绿色教育公共治理中亦是如此,法律为政府的绿色教育公共治理职能提供了依据,因此,政府行使绿色教育公共治理职能也应该在法律的框架下进行。同时,权力的赋予意味着同等责任的承担,需要强调权责分明。打造服务型政府需要政府在公开透明的环境下行使权力,允许、鼓励社会各界积极参与监督,确保政府行为的公正、公开;要弱化行政色彩,树立服务意识,坚决履行服务职能,提升政府公共服务水平。服务型政府是时代发展的趋势,政府在绿色教育公共治理中要转变观念,明确自身的角色定位,从微观管理到宏观管控,为绿色教育市场化做好统筹规划与服务保障工作,以此构建政府、学校、社会三方的和谐关系。

4.树立公共利益至上的管理意识

根据当前我国绿色教育管理改革的情况,个别高校管理中出现了官僚化的倾向,行政管理机构逐渐膨胀,行政人员的编制比教职人员核定的编制多,这就容易导致我国绿色教育中行政和科研工作失衡。行政人员占有高等学校绿色教育中的主要资源,当这部分人员享受了过多的资源时容易打击高校科研的积极性。因此,推进公共治理理论在绿色教育管理改革中的应用,首先需要打破传统高校管理中的"行政倾向"现象,解放高校绿色教育教学管理中的自主权,树立公共利益至上的管理意识,加快绿色教育市场化和社会化进程,鼓励更多的绿色教育主体参与到这种管理改革事业中来。例如,山东财经大学在去行政化方面积极采取措施,通过不断完善学校人事制度,加快人事改革,同时制定了《山东财经大学人事分配制度改革方案》来为学校去行政化管理工作保驾护航。

5.加快绿色教育市场化进程

在打破政府主导的绿色教育管理模式后,财务独立就成为高校发展中的重要一环。绿色教育市场化增强了高校的活力与竞争力,同时也使高校更加社会化,形成与经济主体之间的互动互利式产学关系。但同时也要注意,如果过度市场化或者完全市场导向,可能导致绿色教育公共性的缺失,与绿色教育的性质不符。

6.建立健全绿色教育治理机制,保障教育质量

绿色教育治理的目标是实现教育公共利益的最大化,而绿色教育的质量直接决定着公共利益的实现程度,绿色教育治理的本质就是实现教育质量的提高。因此高等教育改革应着眼于追求质量效益,通过建立一整套系统的治理机制可以保障优良的教育质量。例如,建立并完善主体参与机制、监督机制、评估机制、问责机制等常见的教育管理机制,保障高等教育管理改革顺利推进。完善系统的治理机制能够保证教育质量的提升,最终实现高等学校绿色教育治理的目标。

综上所述,在我国教育体制下,绿色教育管理转型成为迫切的需要。在传统的高等教育管理中,政府往往扮演了主导角色,高等教育的发展过度依赖政府的治理和资金支持,严重限制了我国绿色教育的发展。而在公共治理理论的支持下,能够调动多方利益主体参与绿色教育管理改革的积极性,促进我国绿色教育实现"自主经营"的管理定位,不断提高我国绿色教育管理的实效。

4.2.3 加大资源投入力度,当好绿色教育发展的建设者

绿色教育作为一种新型教育模式,要在短期内被社会大众,尤其是学生和家长普遍接受,还面临着很大的困难和挑战。因此,政府要扮演绿色教育发展"建设者"的角色,成为绿色教育发展的火车头,积极发挥导向作用,引导各社会主体尽快走上绿色教育发展的轨道。政府的引领作用主要体现在一系列促进绿色教育发展的政策制度的落实上,而财政投入是绿色教育发展的主要前提和物质基础,师资力量是绿色教育事业发展的关键和灵魂。在很大程度上,财政投入的多少、师资力量的强弱,决定了学校绿色教育质量的高低。因此,政府应当尽可能持续加大绿色教育经

费投入,完善投入方式,拓宽投入渠道,为绿色教育健康发展奠定坚实的物质基础;同时高度重视绿色教育师资队伍建设,通过加强培训、扩大用人自主权等方式,提高专业教师的教研能力。

1.加大教育资源投入

设立绿色教育发展基金,主要用于支持绿色校园的建设以及相关绿色课程的开展。基金来源主要依赖于国家和相关企业,旨在培养科学和人文精神交叉发展的综合性人才。

增加政府财政投入,积极履行政府作为绿色教育财政投入第一人的角色,尤其是地方政府,应坚决执行地方教育附加费收入只用于教育事业的相关规定,并设定一定投入比例确保绿色教育经费稳定增长。同时,不断完善教育经费投入结构,适当调节普通教育投入中用于发展绿色教育的比重,在确保各项基本平衡的基础上,考虑到绿色教育的特殊性予以适当倾斜,满足绿色教育稳定发展的需求。制定绿色财税政策,吸引社会其他资源,在绿色教育设立、实施、推广的各个环节给予帮助的企业,政府给予一定的财政补贴,或实行税收上的减免,以提升绿色教育的知名度。这在绿色教育实施的初期阶段显得尤为重要。

推动绿色教育在金融领域的发展。通过出台绿色教育信贷、绿色教育证券、绿色教育保险等一系列绿色教育金融政策,解决学校由传统模式转向绿色发展所面临的资金压力,使学校以及相关企业追求并热爱绿色教育发展。

2.加大师资投入力度

加强发展绿色教育学校的教师培育。政府应当建立与绿色教育相适应的教师培养、管理体系,培养更多优秀的绿色教育师资。统一组织开展发展绿色教育学校的"双导师型"教师培养专项行动计划,鼓励已有的"双导师型"教师进行跨校、跨地区甚至跨国的培训和交流,从而带动更多专业教师"转型升级"为"双导师型"教师。同时,政府应当支持各学校实行骨干教师培养选拔制度,积极培养本校重点学科带头人,打造一支名牌、品牌教师队伍,为绿色教育培养一批政治坚定、乐于奉献、业务过硬、作风端正、积极创新的高素质教师队伍。

扩大各学校发展绿色教育中的用人自主权。政府应当考虑绿色教育发展的特殊性,努力促使劳动人事制度改革与绿色教育发展协调并进。教育部门和人事部门应当制定区别于普通教师的招录政策,在具备一定科学文化知识的基础上,重点考察拟招录教师的"人本理念""绿色意识"以及"绿色教育理念"。同时,对于发展绿色教育的学校专业教师引进和人才流动给予较为宽泛灵活的用人政策,多渠道解决好各学校新招聘教师进编问题。

3.针对教育内外部治理公共空间的制度规范

第一,规范制度支持系统。治理依赖于纵向、横向和纵横交错的社会网络组织系统,这种系统是以问题的本质和管理事务为导向的,因此治理机制不能一味沿袭过去的单中心形式,要建立多个中心的社会网络组织系统,这也成为建立现代政府教育治理机制的制度和组织结构的基础。为保证多学科顺利进入教育的内部和外部治理,必须开放教育体系,保持教育与政府以及社会之间在信息、资源和人力上畅通流动。在建立这种制度支持系统的条件下,各个地区的教育机构应该完善董事会、理事会和其他机构,发挥其在系统内对区域教育和学校决策的重大影响。专业的社会评价组织和社会咨询组织在联系当地政府、学校和市场方面发挥着实际作用,为教育系统的相对开放提供了平台,从而可以作为制度支持系统的重要组成部分。此外,需要设置一个资源聚合和共享的组织。应当设置公共英才机构、信息机构和资产机构,或者扩大现有机构的职能,例如新的信息机构可以作为一个接收和传递各方机构对教育的关心、规定和建议的平台。

第二,对制度规范系统的设计。事实上,建立"依法办学、自主管理、民主监督、社会参与"的现代学校制度,是构建新型政府、学校和社会关系的重要环节。无论是现在还是将来,要制定公共空间治理的制度与规范,首先就必须给予多元主体参与教育公共治理的合法权利。例如,要求各地政府、当地教育机构以及学校高层决策者在制定有关规定时,必须经过专业的政策咨询机构的前期调研以保证其科学性。此外,还要做到一定的民主性,相关政策的制定必须征求当地居民、地方企业和民间组织关于教育事务的看法。其次,在政府、高校和社会组织制定相关规定时,要保证不能超越应有的范畴,找到合适的途径并采取恰当的方式。不仅要规定其经营管理评估的权限范围和运行体制,而且允许、支持和鼓励企业和社会大力参加教育的内部和外部治理,从而形成健全的呼吁和响应机制。最后,必须确保当地居民、公司和社会组织的教育选择权。从内部动力系统的角度来看,获得教育选择权利实际上已经可以看作多元主体共治的重要动力。

4.教育内外部公共治理规范的实行与反馈

教育内外部公共治理规范的实施和反馈,不仅指教育内外部公共空间的制度支撑体系的整合和优化、制度规范体系的运行和完善,还包括教育公共治理运行模式的选择、运行机制的建设以及对运行机制的环境进行优化和规则的完善。为了使最初教育目标得以实现,设计相关制度时还必须搭建一个有恰当的治理范围、合适的治理方式与主体以及相应的监督保障机制的教育公共治理行动结构。例如,教育内部治理的一个典型例子就是二十世纪初起源于欧美国家的学生评教制度,是保证教学质量、提高高校教师教学水平的一项重要制度。当前学生评教中利益资源的整合、利益的恰当分配以及利益补偿机制的缺失,导致了制度僵化的现象。因此,有必要重新构建以学生为主导的教学评价组织体制,加强学校、教师和学生利益的"约束",构建以学生为主导的教学评教的"利益共享"保障机制。这明显是一个治理规范的实行和反馈的问题。从教育外部治理的角度来分析,要使教育治理体系正常运行,就必须有完备的规划与决策、责任分工、资源配置、价值导向、资金保证、意见表达、评价和问责机制。尤其是在教育的精准扶贫中,因为当地政府在实施国家的教育扶贫规定时也存在较大的阻碍,因而使得建设以政府为主导、多主体共同加入的教育扶贫工作治理体系尤为重要。这同样是新型教育公共治理模式构建过程中应该给予重点关心的问题。

我国教育公共治理的新模式逐渐完善,然而仍有很多理论和实践问题需要进一步研究。尤其要加快推动教育现代化,建立使人民满意的教育强国和人才强国。不仅要持续推动教育链、人才链、产业链、创新链等环节紧密结合,还要深入探究教育公共治理新模式的实现机制和制约机制,探索制定更有利于教育公共治理新模式的国家政策和地方政策。

4.2.4 推动教育观念转变,当好绿色教育发展的引导者

政府具有政策导向职能,应该引导社会彻底转变轻视绿色教育发展的传统观念,正确认识普通教育中绿色教育的本质和价值,推动形成包括政府在内的社会各界普遍重视绿色教育、尊重具有"绿色意识"型人才的良好氛围。

1.加强舆论宣传引导力度

重视媒体宣传的作用。政府是社会新闻媒体的主要引领者。尤其是地方政府要敢于和善于把握媒体在转变社会绿色教育观念中的重要作用,积极引导正确的舆论导向,充分利用报纸、杂志、电视、网络等大众媒体,以公益性广告、宣传短片等通俗易懂、形象生动的形式,向社会公众介绍绿色教育的概念、类别、地位、作用、特点、教育目标、教学方式、企业需求等信息,填补人们对绿色教育理念的认知空白。通过加强对绿色教育的宣传,加深社会公众对绿色教育的理解和认知,转变其固有理念,引导全社会树立"科学人才观"和"绿色教育是终身学习的客观需要"的绿色教育观。各政府部门还可以及时公布全市、全省乃至全国接受过绿色教育的人才使用现状和招聘需求,寻找相关毕业生成功创业、成才的典型事迹,并大力宣传,在全社会形成接受过绿色教育的学生更易于培养良好的习惯以及正确的人生观、世界观、价值观的共识,提高对实施绿色教育的

学校能够培养综合型人才的认同感,营造有利于培养具有绿色意识人才成长的社会舆论环境。

重视价值导向的作用。各级政府要推崇素质教育的重要性,大力倡导各级学校建立"绿色评价"体系,发挥绿色教育评价的导向作用,使大众充分认识到中小学教育中绿色教育的价值所在,使以人为本、尊重绿色的观念在全社会蔚然成风。

2.加强校企合作引导力度

德国教育的"双元制"、美国教育的合作模式等成功案例告诉我们,政府积极参与、建立制度和桥梁是解决校企合作问题的关键。因此,各政府部门应学习借鉴相关经验,促进本地区各学校深化校企合作。例如:

制定校企合作政策。政府要充分发挥宏观调控和政策指导职能,结合本地实际,尽快制定出台引导、约束绿色教育发展中校企合作的政策文件,明确企业参与教育体系中绿色教育发展的基本要求、合作模式、义务和权利等,并配套建立相应的监督机制、责任追究机制,为各中小学推进绿色教育发展的校企合作提供政策引导。

构建校企合作机制。政府应当充分发挥组织优势、资源调控优势和管理统筹优势,加快构建政府相关部门、各中小学校、企业、行业协会等各类代表组成的校企合作推进框架体系,为校企合作制订专项规划,明确目标和重点,协调解决合作中出现的问题,推动形成政府主导、行业指导、企业参与、学校主动的校企合作运行机制。

加大扶持力度。政府作为各类资源掌握者,应当充分发挥资源的引导作用。各政府部门,尤其是地方政府应加快研究制定促进校企合作办学的激励政策,鼓励行业和企业参与绿色教育,对开展校企合作的中小学校要加大财政投入力度,鼓励学校实行开放式办学,进一步推进人文、科学教育与职业教育相结合的人才培养模式,尤其是针对追求可持续发展的绿色相关企业,支持学校根据企业需求设置专业,开发"订单式"课程,培养"适销对路"的具有绿色意识的创新型人才,增强对企业的吸引力。

3.简政放权,赋予学校必要的办学自主权

学校自治理念源于欧洲中世纪,有着悠久的历史,其核心在于对行政权力的定位,认为行政权力是提供服务并非纯粹地下达命令。虽然西方发达国家在赋予学校自主权的程度上有一定差异,但在教研、财务、人事任免等方面的自主已经历了长时间的检验,其中有许多值得借鉴之处。学校事务中有许多方面不适于政府直接管理,尤其是学术层面的事务,政府应为学校提供服务,而非直接进行强制管理。在集权制的教育公共治理模式下,政府掌握了绝大部分权力,学校的自主权十分有限,学校发展缺乏必要的活力。因此,做好简政放权工作,赋予学校必要的办学自主权是当前绿色教育体制改革中需要重视的部分。学校自主权的获取除了需要政府进行必要的权力下放外,还需学校内部做好必要的工作,从内部摆脱行政权力的过分束缚。

自主办学是绿色教育发展的客观规律,也是绿色教育发展到一定程度的必然结果,没有自主权的绿色教育体制缺乏必要的活力,失去了其办学的核心意义。政府要加速职能转变,从无限管理走向宏观调控,要明确学校的权利与义务,将本应属于学校的教研、人事、招生等权力下放给学校,建立适应市场发展规律的机制,通过明确权责让学校在教育市场中自我发展、自我约束,同时由政府根据绿色教育发展规律提供必要的指导,并通过间接的疏导监督对学校办学进行监督管理,调动学校办学积极性,激发学校办学活力。

学校层面要多措并举,多管齐下,从自身内部强化自主办学能力。学校内部要积极转变管理机制,弱化行政权力,突出学术权力,提升学术氛围,改革僵硬的行政体制,向服务型、干练型的管理模式发展。对于内部机构的设置,要避免科层化的僵硬与官僚化的官本位做派,建构切实为学术服务的松散型、底部下沉型组织。在管理理念上,要形成学者治校的理念,积极吸纳学术权威的专家学者进入校内决策层;在权力分配上,学术权力要适当摆脱行政权力的过分干预与束缚,学术活动层面的权限从行

政职能机构转移到学术职能机构;在重大问题、事项的决策上,要建立并实施审议咨询制度,确保重大问题、事项的决策与学校自身的特点一致,能够符合自身的发展规律。学校内部组织的沟通渠道要确保畅通,强化中层学科组织与下层组织的联系,从根本上清除官僚主义。学校要积极主动争取应有的自主权与履行其应尽的义务,而不是被动等待行政命令。

4.二元关系构建,实现学校法人化管理

在集权式的管理模式下,政府与学校之间是单一的行政关系,两者的法律关系处于不对等状态。二元关系则是由政府单一的行政管理转变为法律与行政的双重关系,在二元关系的管理模式下,学校以独立法人的地位面对政府与外部社会,政府对学校资产拥有监督权,而同时学校又可以以其独立法人的身份对政府行为进行监督。构建政府与学校的二元关系,实现学校法人化是平衡政府、学校、外部社会三方关系,保障绿色教育组织高效运转的一个途径,也是充分展现学校独立自主的重要方式。在市场经济体制下,学校的法人身份不应只是书面的、抽象的,要在实践中赋予其真正的民事权利,拥有独立法人资格的学校以其所有法人资产在法律框架下自主办学,自负盈亏,在享有权利的同时承担相应的责任义务,对政府拨付的国有资产要担负管理责任,在规范有序的教育市场化环境中使学校真正成为面向社会的具有办学自主权的法人实体。

在二元关系的管理模式下,政府一方面要放开服务型绿色教育,赋予其自主权,交由市场调节;另一方面,对于战略统筹与市场规范层面的问题,则要做好立法工作,通过行政与法律的双重手段确保绿色教育市场的稳定、有序;学校则通过积极运用法律手段维护自身权益,勇于运用法律武器抵制政府违反法律的行政干预行为,督促政府合法行使职权,以此实现绿色教育市场规范有序运行。

4.2.5　强化政府监督力度,当好绿色教育发展的监督者

在绿色教育公共治理视角下,政府监督管理体系的健全是重中之重,

需要政府改变自身角色,从管理者转向监督者。在保障绿色教育目标实现的同时,尽量给学校一定程度的治理权,但同时要加强监督体系,保障绿色教育的管理与教学体系的正常运行发展。政府的监督功能体现在对于教学体制的改革和教学目标的明确,并通过对教师团队的课程质量考核等方式推进。监督过程中需要政府部门做到公平、公正、公开,对于绿色教育的运行及管理做出明确指导和建议,以帮助学校在政府角色转变过程中及时转变自身的角色。

监督办学模式。绿色教育的审批必须严格,这事关教育法制体系的完善,包括对名称、宣传和招生、费用等的规范,要支持适合我国经济发展要求和拥有优越办学条件、优秀办学质量的民办学校。对于运营不善、办学不合格的学校,政府责令终止,按照相关法律和规定进行严格的清算和安置。

监督办学内容。建立教学评价制度,指引和管理学校完善教学管理体系。支持多元化人才培养制度,依照专业特色,进行符合市场需求的人才培养,形成强大的师资队伍,用于培养实用型人才和技术型人才,推动学生就业,培养学生各方面能力;其中最为重要的就是创新能力,引导多种类型和层次的学校定位,让办学更具特色、更有水平。帮助民办学校招生,鼓励民办学校开展各种有利于教育发展的合作和交流。政府对学校的监督力度要强,年度检查要严格,其结果可以作为扶持政策和管理的依据,教育质量评价体制也需要多方参加,使评估的结果透明化。

监督办学资源。注重科学研究,扩大办学规模,丰富办学层次和多样化办学类型,鼓励学校积极开展有思想教育的理论研究、政治思想教育研究。对办学资源的监管包括支持学校所在地的经济发展和社会发展,政府要制定相应政策进行监督。

监督绿色院校人事政策部门。鼓励建立完善学校制度和办学章程,给学校以足够的空间,使其内部运行灵活多变,适应各种情况,形成良好的法制环境,决策更加民主化、科学化,办学更加规范化。

4.3 实践案例

4.3.1 案例介绍——绿色教育,让"笼中小鸟"飞回蓝天

学生家长说:"现在的孩子们,过着家庭—学校两点一线的生活,就像笼子里的小鸟。"

笼中鸟儿当然渴望自由的蓝天……

2005 年 9 月 18 日,北京航天城。为中国首次"青少年太空生物舱搭载试验"举行的返回仪式在这里举行。我国第 22 颗返回式科学与技术试验卫星总设计师唐伯昶,把装有"蚕宝宝"的圆柱形金属容器交到林天趣和曹佳云——北京景山学校参与此次太空搭载试验的两位学生代表手中。

此前的 8 月 29 日,在一望无垠的戈壁滩,在晴空万里的蓝天下,北京景山学校的 6 名学生代表见证了搭载在卫星里的"蚕宝宝"成功进入太空。

"孩子们的太空蚕试验,得益于一项'蓝天工程'。"与学生一同见证这一历史时刻的北京市东城区教委青少年课外活动指导服务中心主任刘老师深有感触地说。

4.3.2 案例分析

1."蓝天工程"——全面推进绿色教育的大课堂

刘老师告诉记者,"蓝天工程"是北京市东城区实施的一项中小学生全面素质教育工程,在某种程度上,这正是对绿色教育的解读与实践。"太空蚕试验"就是老师和学生走出校门,在中国航天城、酒泉卫星发射基地以及热爱科普事业的科学家帮助下完成的一次生物太空研究。

刘老师说,这种探究学习、模拟试验使学生的学习方式发生了变化,

把书本的阅读和课堂的传授变成了亲身的实践体验。特别是酒泉发射之行,参与试验的师生还来到"神六"发射基地参观,聆听专家讲解。这标志着该项青少年全国科技课题试验的首次启动,也是酒泉卫星发射基地首次接待中学生代表团。参与试验的林天趣和曹佳云同学说:"蓝天下的大课堂让我们更加热爱科学、热爱学习。"

记者了解到,"太空蚕试验"仅仅是东城区"蓝天工程"突破课内外教育教学壁垒、实施素质教育和绿色教育的一个切入点。"蓝天工程"还将推出"资源单位开放日"活动。在开放日里,文化、科技、体育等资源单位将依据自身资源优势,设计推出贴近学生的活动,开放给广大中小学生。

东城区教育工委书记介绍,东城区在"办人民满意的教育"思想指导下,通过整合区域内外图书馆、博物馆、科技馆、体育场馆等校内外资源,充分为学生服务和在全社会推动绿色教育,创建了共享教育资源的"蓝天下的大课堂"。

于是,东城区的中小学教育出现了这样的情景:语文课来到了老舍纪念馆、鲁迅博物馆,科技馆成为物理课的课堂;研究性学习走入大学实验室,走入生态科技园;班校会走进社会实践基地,走入北京老字号百年老店,走进大中型企业。

"蓝天工程"带来了"大课堂"观。老师们渐渐形成了一种新的教学意识和习惯,那就是善于结合社会上丰厚的资源,让自己的课堂更加吸引学生,让自己的教学更加满足学生的需要。

学生们感受到学习方式的改变,形象、生动、启迪思维、激发兴趣,学习成为一种乐趣,很多学生在走近老舍、鲁迅后,主动找来他们的著作进行学习;感受到一种学习空间的拓展,社会就是大课堂,处处留心皆学问,活学活用代替了死搬硬套。

2."蓝天工程"——一个没有围墙的大校园

北京东城区是首都中心城区,拥有比较丰富的科技、文化、体育资源,可东城区教委的一项调查却令人困惑:56%的小学生、60%以上的中学生认为社会各界为青少年提供的活动场所不能满足要求。调查同时显示，60％以上的中小学生平均每天可以自由支配的课外活动时间仅为 1 小时，相当部分中小学生课外活动时间不足 1 小时。有一些中小学生缺乏课外活动场所，有限的课余时间也不能充分有效利用，主要在家中或网吧度过课余时间。"这是因为校际存在课外活动资源的不均衡和区域内课外教育资源信息的不对称，造成了一方面资源闲置、一方面学生无处可去。"刘老师分析。

为充分满足孩子们全面发展的需求，把绿色教育真正落到实处，东城区破除条块分割造成的学生校外活动资源分割的藩篱，挖掘、整合课外教育资源。东城区教育部门组织力量对区域内外所有能够给中小学生提供课外活动资源的文化、体育、科技、经济、国防、司法、科研院校、社团等资源单位和课外活动师资进行挖掘和遴选，把 500 多家资源单位的内容概况、地址、乘车路线、开放时间等信息，集中展示在东城区课外教育活动网站上，并同时精选了 200 多家资源单位信息印制了一本"北京市东城区中小学生课外活动手册"，发放到区内每一位在校中小学生手中。

一个课外活动网站，一张学生 IC 活动卡，一本课外活动手册。学生不仅可以享受本校的资源，还可以享用本区校内外的资源。

东城区教委负责人告诉记者："我们充分运用信息化手段，把已有的北京市中小学生 IC 卡和市民卡进行扩展升级应用，生成一张'东城区青少年课外活动卡'。此卡的功能包括学生身份认证和活动信息贮存，学生通过在资源单位配备的读卡机上'刷卡'，其参与课外活动数据信息就会自动生成并上传至指导服务中心的信息管理平台上，供教育管理部门分析、查询，并以此为依据对学生的课外活动进行分类指导与服务。"

灯市口小学五年级的王同学在 2005 年暑假期间，就拿着记录她学籍信息的课外活动卡，与几位同学一起去参观了老舍纪念馆；还用这张卡，和妈妈一起去王府井书店买了音乐方面的书籍，因为新华书店系统等大型图书销售机构是东城区课外活动资源签约单位，她们买书还享受到 8.5 折优惠。这位同学还"刷卡"参观了北京自来水博物馆。这些活动轨迹，在东城区中小学生课外活动指导服务中心的信息管理平台上都有翔实记录,同时还会生成积分,实时反映学生参与课外活动的情况。2005年暑假,仅"一卡通"系统就显示54 794人次参与各种课外活动,占东城区中小学生总数的近70％。

原北京市教委德育处处长说,东城区采取切实措施推进绿色教育,是基础教育全面发展的一个创新工作方式,落实了中央有关加强未成年人思想道德建设的指示精神,是政府行为到位的体现。这一工作方式可以在实践中继续探索、完善、发展。

家长们纷纷向记者表示,东城区创建课外教育活动的新做法是一件大好事,希望坚持下去,切切实实为孩子们营造一个全面健康发展的良好社会环境。北京市和平里第四小学学生家长张某说:"让笼中小鸟飞回蓝天,让孩子们快乐健康地成长吧!。"

资料来源:任卫东,徐仁杰,张旭.让"笼中小鸟"飞回蓝天[N].北京日报,2008-10-25.

第 5 章　绿色教育与企业行动

提到绿色教育,人们的第一反应是校内教育。其实不然,校外的绿色教育也发挥着不可替代的重要作用。其中,关系到国计民生的企业绿色教育尤为引人关注。企业在整个绿色教育体系下的作用主要体现在两个层面。一是精神层面,即企业绿色教育的基础是企业绿色文化。通过企业绿色文化的传播,企业员工受到了绿色教育,并在其生产和运营全过程中形成践行绿色行为规范的意识,从而促进了企业的绿色发展。二是实践层面,即企业应该打造绿色经营战略。通过绿色经营战略的制定,企业在其生产和运营各环节秉承绿色原则,为社会大众创造绿色产品、提供绿色服务。简言之,在绿色浪潮席卷下,企业需要努力以绿色发展模式达到绿色增长的最终目的。

5.1　绿色化视角下的企业绿色教育

在时代进步和经济发展的同时,传统企业粗放的发展模式不仅导致了资源的浪费,并且使生态环境遭到了几乎不可逆转的改变。为了协调社会、经济与环境的关系,全球可持续发展战略已从学术讨论转向具体实践。由此,"绿色"成为过去一段时间内最热门的词语之一,绿色企业管理思想也应运而生。绿色企业不仅已成为企业发展的一种新趋势,而且突破了"绿色企业是生产绿色产品的企业"这一概念界限,使其成为企业可持续发展、增强竞争力的一个基本切入点。在我国,实施绿色发展战略已成为企业发展的必然选择。

5.1.1 企业绿色化发展动因与意义

当前人类所面临的生态环境问题主要来源于人类对于自身社会认识的局限。按照现代主流经济学的解释,商品经济活动的基本行为就是生产者追求利润最大化,消费者追求效用最大化,从而实现稀缺资源的有效配置和利用。这种从纯经济效益出发的狭隘观念造成了政策制定和执行上的思想偏见,也是当前生态危机的根源。有观点认为,企业是天然的环境破坏者,作为经济活动的重要主体,其生产经营活动必然会耗费资源、污染环境,是人类社会给自然环境带来压力和问题的主要责任主体。对于某些企业而言,它们的原始动机是只关心利润不关心环境,甚至可以说企业获得的利润基本是以牺牲环境为代价的。一方面,为了追逐更大的利润空间,企业不断扩大生产活动,投入更多的资源,排放更多的污染物,产生更多的垃圾,刺激更多的消费,周而复始不断循环。另一方面,资源枯竭、环境污染、过度需求、生态破坏等问题并不会直接影响企业获得利润。因而,这些企业先天上可能不具备关心环境的原始动机。但企业也不是绝对的环境破坏者。同样是基于利益优先的原则,如果破坏环境的行为会给企业带来负向收益而爱护环境的行为会给企业带来正向收益,那么企业就会转变其不关心环境的原始动机,转而采取有利于环境保护的行动。一般来说,企业在考虑到以下几个方面的因素时会被动或主动、自觉或不自觉地参与环境保护行动,力图在保护环境的条件下实现最大收益。

1.竞争压力对企业绿色化发展意愿的影响

虽然竞争压力影响企业的绿色化发展意愿,但是正向影响还是负向影响是一个模糊的问题。企业是商品经济的践行者,在激烈的竞争环境中生存和发展是企业的第一法则,企业必须保持自身具有良好的竞争力。一般观点认为,企业选择绿色经营模式至少在短期内需要追加额外的投资,带来额外的成本,削弱企业的竞争力,增加企业的经营风险。而积极的观点则认为,绿色发展虽然短期内对企业意味着风险和压力,但长期来看,高效的资源利用和清洁生产过程有助于企业优化生产经营结构,实现技术转型升级,开拓新的增长点,降低成本,实现整体效益,提高竞争力。此外,企业绿色发展还会得到政策的支持,比如财政、税收、信贷、金融、科技、产业、环保、贸易和分配等多种政策。但是,由于目前无论理论还是实践都尚未很好地证明或保证绿色发展会对企业产生绝对的正向效应,因此许多企业在绿色发展方面一般保持谨慎、观望的态度。

2.政府监管对企业的非绿色行为构成强制性约束

政府作为社会公共事务的管理主体、社会公共秩序的维护主体、国家宏观调控的主导者,在推进企业社会责任管理和实践的进程中,发挥着"看得见的手"的作用。政府监管的强制性直接影响企业的绿色化道路选择。严重的环境问题警醒了社会公众,形成了整个社会的环保压力,这又对政府履行职能构成压力。政府需要代表公众的利益来解决环保问题,也只有政府才有足够的能力通过政策法规来管理或制止企业的非绿色行为。目前,中国政府已经采取了越来越严厉的防治措施监督和管控不利于生态环境的行为。

3.社会压力促使企业唤醒绿色化意识

一般来说,当公众个体追求效用最大化、企业追求利润最大化、部分官员盲目追求政绩最大化时,这些经济主体的行为决策通常都不考虑环境这一影响因素。只有把全体公众当成一个整体来考虑时,人们才会关心环境问题对于整个社会利益的影响。一方面,由个人、企业和政府从自身利益出发造成的环境问题构成了社会追求绿色发展的动力,而社会对于绿色发展的意愿和诉求又分别对个体、企业和政府的行为构成压力,要求其改变无视环境问题的行为。另一方面,个体和政府又会基于社会压力对于企业的绿色发展提出要求,施加压力,同时又向企业提供绿色教育、环保宣传、绿色尝试和绿色金融等多方面的助推和支持。绿色发展是社会对于企业提出的新要求,企业顺应社会要求,履行社会责任,采取应对措施,走绿色化道路是大势所趋。

从消费者的角度来说,消费者对身心健康和生活质量的关注度越来越高。他们希望生产者提供的产品必须符合绿色要求,在使用过程中不会对其身心以及生态环境造成损害。同时,消费者也期待企业在产品生产或者提供服务的过程中要做到尽量减少对环境的污染。一般而言,消费者更加青睐环境形象好的企业的产品,而环境污染严重的企业则很可能会失去市场。另一方面,企业的可持续发展与政府行为密切相关。近年来,各国政府的环保意识越来越强。通过立法和执法,将会对污染环境和过度使用资源的企业进行惩罚。因此,不采取绿色管理的企业成本逐渐上升,甚至被处以刑事处罚。总而言之,在消费者、政府等各方的多重压力下,企业的绿色化意识逐渐被唤醒,主动地选择了绿色企业模式。

4.企业绿色化发展是提升效益与树立企业形象的必经之路

从企业自身的角度来看,实施绿色企业模式有节约资源、降低消耗等好处,大大降低了企业的制造成本。而生产绿色产品的企业也将具有较高的附加值,不仅可以获得可观的绿色收益,还有政府对实施绿色管理的企业所给予的优惠政策。可以说,实施绿色发展的企业,既可以实现资源节约,又可以实现环境保护,从而实现经济与社会效益的"共赢"。随着市场经济全球化的发展,企业想要参与国际竞争、扩大出口,就必须参照世界上日益严格的环保标准来规范自己的生产、服务和产品。由此可见,环保产品、环保技术、环保领域的竞争是未来企业竞争的重要场域,是提高企业经济效益的重要方式。企业形象的可控性使得企业形象的塑造具有选择性。有的企业品质优良,有的服务优质,有的成本领先,有的技术持续创新。绿色企业则把绿色作为最佳的企业形象、优质企业的标志,使企业获得独特的竞争优势。

换言之,企业的绿色动力不仅仅取决于其自身,还与行业发展情况、整体社会大众的绿色意识程度、政府的绿色发展目标等紧密相关。企业为了应对绿色发展的压力和需求,需要思考如何解决调整、转型、拓展和布局等策略和战略问题,需要确定绿色发展的方向、领域和目标,以及相应的措施和行动。但是,如何设置和设置什么样的绿色发展目标、政策以及进度时间节点等问题,仍需从绿色教育的角度进行深度思考。

5.1.2　绿色企业的基本内涵及特征

21 世纪以来,绿色经济发展的浪潮席卷全球,冲击、影响和改变着传统的企业经营理念和发展模式。从目前情况看,虽然企业如何建立绿色企业并不存在固定的成功模式,但是明确绿色企业的基本内涵及特征,对建设绿色企业无疑是架起了一条理论通向实践的桥梁,有利于企业综合考虑自身实际状况,将绿色企业建设纳入企业的发展战略和管理过程中。

绿色企业是一种全新的发展理念,绿色管理则是企业主动适应绿色发展这一新型发展模式的积极应变,包含经济、技术、环境等多个方面的内容,在不同的企业有不同的理解。一般来说,绿色企业坚持绿色管理理念,将绿色发展理念融入企业管理的全维度与全过程,努力使企业的经济效益和环境效益达到最优化的理想状态。绿色企业遵循着"减量化、循环利用、再利用"的原则。在产品生产过程中,通过绿色设计,从源头、生产过程、终端控制废物污染物的产生,特别是产品完成使用功能后可以生产和再利用的原材料,最大限度地减少废物和污染物的排放,大大提高了资源的利用效率。企业若想实现绿色发展,当务之急就是要做到绿色企业的创建。这就要求企业的经营者与管理者具有绿色意识和绿色谋略,按照低投入、低消耗、低污染、高产出、高效益的"三低两高"方式组织生产,做到节约资源、降低能耗,实现企业生产高效率、无废物、无危害、无污染的绿色发展目标。创建绿色企业要树立绿色价值观,运用绿色技术最大限度地循环利用资源,把绿色发展理念贯穿到企业生产的全过程以及营销策略等各个环节,建立一个多层次的绿色发展体系。它与传统企业存在着明显的区别,具体见表 5-1。

表 5-1 　　　　　　　　　　　　绿色企业和传统企业的区别

项目	传统企业	绿色企业
目标	经济效益	经济效益和环境效益并存
资源耗费	较高	较低
资源的利用	不合理,浪费严重	合理,节约
废弃物的排放	过量	严格控制,尽量降低
生产过程的污染性	高	低
产品的污染性	高	低
对环境的影响	不好,破坏严重	保护环境
经济效益	较高	更高
社会效益	负面效益	正面效益

资料来源:张云宁.辽河油田公司绿色企业发展策略研究[D].东北石油大学,2014

关于具备哪些特征才是绿色企业,可以说见仁见智。总体而言,绿色企业至少应具备以下特征:

1.生产绿色产品

绿色产品对生态环境的影响应当与相关标准和法规的要求相符合。绿色产品不仅单指纯天然产品及其加工产品,还包括从研究设计、加工制造、销售使用甚至到回收利用全过程对生态环境无危害或者危害较小的产品,而且符合具体标准的环保要求,有利于资源节约和再生。生产并提供绿色产品是绿色企业的重要标志。这要求从设计到生产和成品的全过程,都能保证充分体现不污染环境、节约物料资源、减少排放废弃物、加大回收再利用、采用清洁工艺及合理包装和服务等绿色环保理念。

2.使用绿色技术

绿色技术是指在生产产品和提供服务的整个过程中,能够做到节约资源,并避免或减少对环境产生污染的技术。绿色技术的推行是建设绿色企业的核心内容。从总体上看,绿色技术可以分为两种,即后期终端处理技术与先期污染预防技术。研究和推广绿色技术是解决能源消耗大和环境污染加重等问题的有效途径。不仅如此,应用绿色技术还能够提高企业经济效益,提升社会认可,在不牺牲环境的前提下实现企业的可持续发展。可以说,运用绿色技术是绿色企业的关键。

3.推行绿色生产

绿色生产是指在产品的设计、制造过程中持续应用"3R"原则(减少原料——Reduce、重新利用——Reuse 和物品回收——Recycle),以节约能源、降低消耗、减少污染为重要目标,以技术进步和管理创新为手段,通过对生产全过程的生态审计,选择并实施相关的污染防治措施,以减少对人类自身和自然生态环境的风险,从而最大限度地降低环境污染,提高经济效益。此外,绿色生产还包括节约原材料和能源、减少污染物的排放、加强安全管理、防止事故发生等。绿色生产应贯穿于两个"全过程":一是生产组织全过程,二是物料转化全过程。

4.开展绿色营销

绿色营销是一种管理过程,可以识别、预测和满足社会需求,并带来利润,获得持续经营。在企业营销的全过程中,绿色营销将"绿色发展"理念作为核心指导,在市场预测、市场调研、产品开发与价格制定等多个环节保证维护生态平衡、注重环保,从而使企业的发展符合消费者的需求和公众的利益。具体来说,绿色营销不仅包括收集和整理绿色信息、研究和运用绿色技术、开发和生产绿色产品、实施绿色促销、制定绿色价格策略、选择和疏通绿色渠道等,还包括宣传和树立企业的绿色形象,提供绿色服务等内容。总之,节约资源、减少污染的原则贯穿于营销活动始终。

5.实施绿色管理

绿色管理作为一种管理模式,是指将环境保护的理念融入企业管理的各个层面,包括运营、管理、技术研发、服务、市场等方方面面,即企业在追求自身经济增长的同时,在企业的经营方针和考核体系中将保护环境的责任纳入其中,设立相应的环保部门,进行相应的环保绩效考核,监督员工的环保行为,等等,并通过种种具体的环保管理行为,来实现社会和环境的可持续发展。绿色企业按照可持续发展的要求,以人类生态环境的最终改善和自身全面提升为基础目标,将生态保护的理念融入企业的生产经营管理,运用生态学的方法进行企业管理。

6.重视环境责任

通常情况下,一般的传统企业秉承利润最大化、成本最小化的经营理念,对环境成本的关注程度较低。与之不同,绿色企业则不仅对赢利负责,还对环境负责,并承担相应的环境责任,主动采取环境对策,消除环境影响,维护和增进环境利益,实现经济、社会和环境的协调发展。绿色企业能够如实地履行"致力于可持续发展——消耗较少的自然资源,让环境承受较少的废弃物"的环境责任。它对自身的要求并不仅仅局限于不污染周边的环境,还注重研发无害于环境和人体健康的产品,资源(水、能源、原材料等)的减量利用和循环利用,尽量降低废弃物的产生量;同时,努力促使企业环境与周边自然环境相互融合,让人与自然的关系保持平衡与协调。就小的方面而言,绿色企业鼓励企业员工使用公共交通工具,可再生办公用品,注意节水节电等。

7.建设绿色文化

企业绿色文化可以理解为一种具有生态性的文化,它要求企业能够实现企业与环境、企业内部人际关系以及企业员工自身心理三种状态和谐的内在统一。在上述三种和谐的统一中,可以构建和增强企业的生命力,从而使企业充满了竞争力与长期竞争优势。绿色企业注重树立绿色管理理念,营造绿色生存环境,塑造绿色企业形象,坚持将绿色管理理念融入企业文化理论,构建绿色文化,使企业经营的各个部分都充满了环保意识和可持续发展意识,从而实现良性循环的生态品牌经济。

5.2　企业绿色教育的内容

5.2.1　绿色文化是企业绿色教育实践的核心

"非可持续发展"带来的生态破坏、能源枯竭等后果催化了绿色浪潮在世界范围的蔓延,并迅速成为热点。基于对经典增长方式反思的绿色运动,改变了人类传统的生活和思考方式。倡导人类与自然、人与人以及人类与社会的和谐相处,倡导可持续发展的生产方式及科学、健康、合理的生活方式,倡导人们实践生态文明的道德观,维护人类的共同家园的绿色文化,掀起了热潮。绿色象征着生命,象征着生机盎然。可以说,有绿色的地方就有生命的存在。绿色的含义可从以下两个方面来理解:一是保护和创造和谐的生态环境,以确保人类与经济的可持续发展;二是遵循"红色"为禁止、"黄色"为警示、"绿色"为通行的惯例,其中,绿色代表着合乎规范、具有科学性、能永久通行而不受阻碍的行为。目前,绿色已成为企业文化与时俱进的元素,决定着 21 世纪企业文化的兴衰成败。

1.企业绿色文化的概念

(1)企业文化

经济是基础,政治是经济的集中表现,文化则是一定条件下经济与政治的反映。文化涉及社会的方方面面,大到国家文化、区域文化,小到社区文化、校园文化,具体再到旅游文化、校园文化等。企业文化是文化概念在企业这一特定领域的纵向延伸,是在一定的社会经济文化背景下形成的与企业并存的一种客观存在,是企业宝贵的、潜在的无形资产。

关于企业文化,目前在业界有很多不同的说法,但国内外管理学科达成的共识是,企业文化指在一定的社会经济条件下,企业全体员工通过社会实践在长期的创业、经营生产和发展过程中培育形成的,为本企业所特有的,且为全体成员共同遵循的最高目标、价值标准、基本信念、行为规范和价值准则等的总和及其在组织活动中的凝结和反映。企业文化包含的内容有很多,具体是指企业精神文化、制度文化、行为文化和物质文化的复合体(图5-1)。

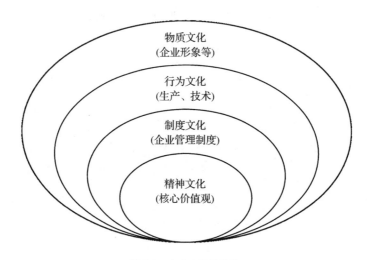

图 5-1　企业文化的结构

其中,企业精神文化相对于其他构成要素而言处于核心位置,是用以指导企业开展实践活动的各种行为规范、思想意识和价值观念,反映企业的信念和追求,是维系企业生存发展的精神支柱。

作为企业文化中的重要组成部分,企业制度文化包括企业领导体制、组织机构和管理制度等,是企业文化的中坚和桥梁,是塑造企业精神文化的重要机制和关键载体,也是企业行为文化得以贯彻的制度保证。

企业行为文化是企业员工在生产经营、教育宣传中产生的活动文化,包括企业的生产行为、经营行为和激励行为等所反映出的文化内涵,是企业经营作风、价值观念的动态体现,也是企业精神文化的折射。

企业物质文化是企业文化的外部表现形式,是由企业员工创造出来的产品和各种物质设施等构成的器物文化,优秀的企业文化通过重视产品的质量与开发、技术的革新、服务的完善、形象的建设和优美的环境等诸多物质现象而实现。

此外,从隐形角度分析,狭义的企业文化就是指企业的精神文化。企业价值观、经营哲学和企业氛围等可称为企业的灵魂。企业员工的精神面貌对于企业的精神文化有着至关重要的影响,它以一种无形的文化力量和约束凝聚企业员工的工作热情及归属感,旨在建造一个团结有力的群体。从显性角度分析,直观的企业文化就是企业的物质财富,制度文化、行为文化与物质文化是真实存在的文化。企业制度规范、管理章程也都体现了一个企业的价值观念以及发展理念,是企业文化有所体现的一个文明窗口。同时,企业人员的绿色行为与企业生产过程中的技术设施、产品、服务都反映着一个企业的经营管理理念乃至未来发展规划的战略目标。

(2)绿色文化

如前所述,绿色象征着自然、生命、和平、安全,在世界环境问题日益严重的今天,绿色显得尤为珍贵。人们更愿意将绿色与可持续发展相联系,不断扩展这一概念的内涵与外延。从广义上来讲,绿色文化代表着一种绿色化、生态化的人类生产和生活方式,是人类秉承顺应自然、尊重自然、保护自然、敬畏生命、以自然为友、和合共生、可持续发展的绿色理念。简言之,绿色文化是人类在认识和实践活动中所取得的一切物质进步和积极的精神文化成就的基础。具体而言,广义的绿色文化的内涵可以从以下几方面加以理解:

其一,物质形态的绿色文化,也称绿色物质文化,主要指一切有益于人与自然和合共生、可持续发展的物化形式的人类文化。它主要包括:直接满足维持人类个体生命再生产和社会再生产需要的低耗、低碳、低污染或无公害、无污染的绿色物品;绿色科技含量高的绿色生产设备与工具,绿色产业结构和绿色经济体系下生产的绿色工业产品、绿色农业产品、绿色建筑、生态景观、绿色交通等。绿色物质文化是创造与发展绿色文化的基础。

其二,制度形态的绿色文化,也称绿色制度文化,是指人类为保护自然、促进人与自然关系协同进化与可持续发展而制定和实施的调整各种实践行为的法律、规章制度的总和。主要包括绿色政治制度、经济制度、环境法律制度、教育制度、社会制度、管理制度等。绿色制度文化是规范人们环境行为方式的保障。

其三，行为形态的绿色文化，也称绿色行为文化，是指人们在交往实践活动中所表现出的尊重、关爱和保护自然的文化行为。主要包括见之于交往实践中的良好生态行为习惯、敬畏自然的民风民俗、保护环境的社会风尚等。绿色行为文化是绿色观念文化的反映，也是长期以来绿色制度文化规范的结果。

其四，观念形态的绿色文化，也称绿色观念文化或绿色精神文化，是指个人、群体和社会对人与自然关系开展的积极的精神文化活动及其成就的总称。它是以生态价值观为核心的生态思想观念或理论体系，主要包括涉及尊重、顺应和保护生态环境的社会心理等自发形态的绿色文化，也包括生态哲学观、生态伦理观、生态宗教观、生态道德观、生态艺术观、生态文明观等自觉追求人与自然和合共生、可持续健康发展的自觉形态的绿色文化。

狭义的绿色文化，则主要指观念形态的绿色文化，与绿色政治、绿色经济、绿色社会、绿色环境相对应，是广义绿色文化的灵魂，对人类的绿色政治、绿色经济、绿色社会、绿色环境的形成与发展，以及生态文明目标的实现，起着决定性作用。

（3）企业绿色文化

一方面，企业绿色文化是企业文化和绿色文化相结合的产物，是对企业文化的时代性补充，也是企业文化对绿色文化的积极回应，正在逐渐成为企业文化体系中的重要组成部分。从社会和企业发展的实际来看，企业绿色文化是对现代管理思想的创新和发展，也是社会发展的必然产物。另一方面，企业绿色文化是企业文化发展的崭新阶段，是企业顺应环保时代的新潮流，应对资源匮乏、能源消耗、污染严重、竞争尤为激烈、优胜劣汰的严峻形势下，适时提出的全新概念，对于企业实现可持续发展的要求,在追求经济利益的同时获得使企业永续发展的竞争力具有重要作用。因此,对企业绿色文化的探讨显得尤为必要。

概括地说,企业绿色文化是企业及其员工在长期的生产、经营过程中逐渐形成的,将绿色环保理念作为企业经营的指导要义,贯穿企业经营各个方面的、全体员工认同遵循且具有本企业特色的、促进资源节约和环境保护对企业获得可持续发展能力产生重要影响的行为与认识的综合文化形态,包括企业绿色发展战略的制定、绿色管理到绿色生产全过程的行为理念,为企业追求经济利益的同时,获得持久发展的竞争力提供了一种新思路,是促进人与自然环境协同发展、和谐共进并最终实现绿色经济持续发展目标的先进企业文化。

2.企业绿色文化和企业绿色教育的关系

关于企业绿色文化和企业绿色教育的关系,需要从多角度、多维度来辩证地看待。一方面,企业绿色文化具有非常丰富的内涵,其中企业内的教育可以说是企业文化的一部分,不同的教育形式构成不同的文化形式。另一方面,教育本身又是一种特殊的文化,因此教育具有双重文化属性。

(1)企业绿色文化对企业绿色教育有制约作用

首先,企业绿色文化影响企业绿色教育目的的确立。教育到底应培养什么样的人,取决于人们期望用教育来做些什么。根据企业的文化导向与愿景,企业相应地有不同的教育目的。例如,我国的教育目的是培养德、智、体、美、劳全面发展的社会主义建设者和接班人,且"五育"并举,其中德育为先。如此的教育目的就是受到了我国传统文化"君子德才兼备"等文化的影响。其次,企业绿色文化将会影响企业绿色教育内容和教育方法的选择。例如,春秋战国时期开始的儒家文化和唐宋时期的诗文都成为现在教科书上的内容。另外,企业绿色文化还影响着企业绿色教育教学方法的使用,而且企业绿色文化本身就具有教育力量。

(2)企业绿色教育对企业绿色文化发展的促进作用

反过来看,企业绿色教育也会对企业绿色文化起到一定的促进作用。

企业绿色教育能够选择、传递和保存企业绿色文化。将过去的企业绿色文化在时间上延续、空间上流动,使其具有传播和交流的作用,就像儒家文化从战国时期到现在依然广为流传,其中就是教育在发挥重要的作用。此外,企业绿色教育还有选择和提升企业绿色文化的功能,这意味着价值上的取舍和认知意向的改变,需要企业绿色教育对企业绿色文化取其精华,去其糟粕。同时,企业绿色教育具有更新和创造文化的功能,为更新和创造企业绿色文化提供组织人才,使越来越多的组织人才能够创造多元的企业绿色文化,使其更具生命力,以无形而强大的方式影响我们的生活。

(3)企业绿色教育和企业绿色文化有着共同的目标

企业绿色教育战略的实施有助于创造良好的企业环境,是提高企业竞争优势的重要保障。企业绿色文化的建设,不仅要注重经济效益,而且要注重社会效益和生态效益,以满足现代消费者对绿色产品的追求,提高产品或服务的生态属性并树立积极的企业形象。企业绿色文化追求经济人、社会人、生态人三者统一的绿色价值观。企业应将人与自然和谐发展、协同演化的生态自然观和可持续发展观确立为核心价值观。

生态自然观将自然本质归结为大地共同体,认为地球上人与其他生物都生存于这个大地共同体当中。生态自然观承认自然的价值,认为自然是"人类从中锤炼出那种被称为文明成品的原材料。自然为人类提供种种服务,对人类的科学、精神、娱乐等均做出过重大贡献,以后还将起到重要作用"。可持续发展观则强调保持经济、社会的发展与保护生态环境相一致。这与生态自然观思想在本质上是相契合的,是同一思想从不同角度的两种表述。因此,生态自然观和可持续发展观是符合新时代发展要求的观点,是企业在绿色文明到来时所必然选择的优秀价值观。在生态自然观和可持续发展观的指引下,企业还需将环境作为资源范畴的资源价值观纳入其中;做到重视相关环保法规的环境法治观以及树立自觉践行环境责任的环境道德观。

5.2.2　绿色经营是企业绿色教育实践的根本

一般来说,对企业与生态文明建设的关注通常集中在经济领域,如绿色发展、低碳发展和循环经济等,而对企业的教育功能却少有专门的论述。之所以出现这种现象,是因为社会大众普遍认为企业的主要责任在于创造经济价值,进行物质生产。企业如若参与生态文明建设,应该是通过节能减排等技术路径,而非通过教育。其实不然,企业层面的绿色教育也具有重大的意义。企业绿色教育实践的根本是企业绿色经营;企业绿色教育实践的基础是绿色生产;企业绿色教育实践的辅助是绿色财务管理;企业绿色教育实践的传播是绿色营销。绿色教育体现在企业生产、经营与销售的每一个环节。

1.企业绿色经营战略的内涵

为了有效制止生态环境污染日益严重、能源危机持续加剧、自然资源接连枯竭以及市场秩序愈发混乱等问题频发,已有部分发达国家将环境因素列为影响企业经营的重要因素之一。在决定企业竞争优势的众多影响因素当中,绿色经营战略已成为其中的重要议题之一。毫无疑问,在现代化企业的经营与管理中,绿色经营已成为必选之路与必然选择,是决定企业竞争优势的重要组成部分。在这种情况下,绿色经营战略对企业的经营理念和管理模式产生了十分重大的影响。重视环境保护,倡导绿色发展,已不再仅仅是企业经营支出和投资的简单衡量,也不再仅仅是与企业利润互斥的经济负担,而是企业新的财富来源。企业通过树立绿色管理理念,采用绿色管理模式,增加利润、获得增长。换言之,绿色经营战略是指企业适应社会经济的绿色发展要求,将节约资源、保护和改善生态环境、惠及消费者和公众身心健康的理念全面贯穿于经营管理的全过程和全方位,进而达到实现可持续增长及经济效益、社会效益和环境效益有机统一的目的。

有关企业绿色经营的理解,不同的学派从不同的学科角度出发有着不尽相同的观点。从经济学的角度看,绿色经营指的是企业的生产经营活动不仅要取得一定的经济效益,关键是在于经济效益、生态效益和社会效益的综合统一;从生态学的角度来看,绿色经营意味着企业的生产经营活动应符合生态系统中物质和能量的循环规律,并且不应该因为企业的生产经营活动而破坏了生态系统的平衡;从管理学的角度看,绿色经营指的是在企业的生产经营活动中,要做到对企业内外部资源进行合理的组织和安排,使得各部门能够协调统一,从而使企业实现绿色发展的目标;从环境学的角度看,绿色经营指的是企业的生产经营活动应该做到不损害环境,即无污染或者产生最小限度污染的生产经营活动;从资源学的角度看,绿色经营指的是企业的生产经营活动要做到对资源的合理利用与尽可能的循环使用。作为现代企业绿色发展的重要组成部分,绿色经营无疑为企业的发展提供了崭新的思维角度。这也就是说,绿色经营就是按照绿色经济的要求,将环境保护的理念与企业的价值创造过程相融合,注重资源和环境的管理,通过资源节约和污染控制来实现企业的绿色发展。本质上,绿色经营是企业在外部生态环境不断变化下的重新定位,是绿色发展的必然选择。为了实现企业的绿色发展,达到经济效益、环境效益与社会效益的有机统一,企业必须要遵循社会经济中的绿色发展原则,秉承节约资源、保护与改善自然生态环境、有益于消费者和公众身心健康的理念,并将这样的理念贯穿于企业价值创造的全过程。由于自然资源和环境保护的形势日益严峻,如何积极有效地改变经济增长方式已成为国家、行业和企业面临的最重要问题之一。目前,国家制定了更严格的宏观调控政策,加上公众环保意识的增强,使得高污染高能耗的企业逐渐失去了生存空间。此外,企业社会责任的监督与调查机制日趋完善,使企业不得不承担起环境保护的责任。

具体而言,企业绿色经营理念包括以下三种意识。第一,绿色环保意识。企业应当充分认识到保护环境的重要性,自觉树立环境保护的必要性和紧迫性意识,并将其切实地转变为具体的环境保护行动。第二,绿色效益意识。在面对经济效益、环境效益与社会效益的关系时,企业必须要明确:只有这三者达到统一,才能够促成企业的可持续发展。经济系统的平稳运行与环境系统息息相关。一旦环境系统受到损害,经济活动的基础就将会被动摇,那又何谈经济效益呢? 此外,由于经济效益与环境效益的有序发展,绿色经营为社会各方面的协调与发展打下基础,也就是所谓的社会效益。第三,绿色资源观。我们目前所知的适合人类生存的只有一个地球,而整个地球的资源是有限的。如果人类毫无分寸地消耗资源,不给地球留出资源再生的时间,那么这些我们赖以生存的资源就会枯竭,人类社会就会出现生存危机。面对这样的现实情况,务必要做到科学开发与合理利用有限的资源,还要进行技术的创新,以进行新能源的开发,促进可持续发展。

作为一种新的经营战略,绿色经营不仅要考虑企业价值链的组成部分,还要考虑经营活动对生态环境的影响在经营活动中考虑环境价值,在尽可能减少环境污染和环境成本的基础上,实现最合理的利润。企业要获得更多的竞争优势,必须采取一系列符合自然发展规律、具有社会责任感的措施,最大限度地减少经营活动对生态环境的负面影响。现如今,大多数观点已经表示了对关注环境保护与崇尚绿色经营的认同。考虑到企业的长期战略,企业对于社会环境的投资不再是企业盈利的负担或者成本的增加,而已成为企业新的竞争力来源之一。通过实施绿色经营战略,坚持可持续发展模式,企业可以提高盈利水平,并能够塑造更好的企业形象。

总之,绿色经营是一种新的企业管理模式。绿色运营战略的实施,不仅需要在特定的生产运营环节实施节能环保措施,还需要在企业内部和外部管理的各个方面进行相应的变革。根据绿色管理的要求,企业制定新的战略目标、运营模式、流通体系等。此外,必须改变企业经营的逆向激励策略,不能够以增加能源消耗来提升产量,绩效评价必须基于效率和利润而不是产量。不仅如此,绿色商业模式的实施还需要政府对企业的评价标准进行改变,为企业提供良好的社会和经济条件。

2.企业绿色经营的必要性

(1)宏观环境分析

目前,世界进入了"绿色时代"。在国际经济发展的大趋势中,绿色经济是必不可少的。随着环境保护意识的全面提高,人们的消费观念也从健康消费向绿色消费转变。以可持续发展为目的,引导消费趋势,提高企业的国际竞争力并同时限制进口。在发达国家,企业凭借资本和技术优势,大力促进绿色产品的设计、生产与消费,同时通过环境标准的制定使其达到"国际化",进而形成通行全球的"绿色壁垒"。可见,只有通过发展绿色经济和开发绿色产品及服务,企业才能进入国际市场,并有效提高国际竞争力。

政府积极倡导绿色经济。绿色经济是一种新一代可持续经济发展模式,目标在于社会福利的最大化。目前,绿色经济受到世界各国政府的广泛赞誉,企业若想生存,一方面,要调整经营理念,响应政府的号召;另一方面,企业也要得到政府的有力支持,从而获得快速发展。目前,相关政府部门正在实施或规划一系列制度创新,如改革干部绩效考核体系,将资源效率和环境保护纳入干部绩效考核体系,要把考核结果作为考核任用干部的重要标准,树立科学的政绩观;改革现有宏观经济指标体系,更加注重增长质量和协调性,逐步建立有利于经济循环发展的政策体系,建立循环经济政策目录和产品目录。

与绿色环保相关的技术进步极大地促进了循环经济的发展。当前,科学技术的快速发展,为循环经济、低碳经济、绿色经济的发展提供了源源不断的动力。绿色产品设计和再生资源开发技术从产品设计、生产、回收利用、原材料等方面构成了发展循环经济的技术体系。发达国家在发展循环经济过程中积累了丰富的经验。因此,想要发展循环经济,国内企业不仅要依靠自身实力,还应该积极开展国际合作,促进二次创新,提高自身技术水平。

（2）产业分析

当前，我国产业结构调整的关键任务不仅在于鼓励和支持发展先进产能，还要限制和淘汰落后产能，避免盲目投资与低水平设施设备重复建设，逐步推进产业结构优化升级，向高效化、节约型、生态型转变。绿色性是新产业政策的特点，也就是说要实现现有产业的绿色化，促进绿色环保新产业的蓬勃发展。将市场导向作为重点，社会生产主动适应国内外市场需求的变化。这是结构调整的目的，也是判断经济结构是否合理、优化的标准。诚然，市场需求不断变化，结构调整也要经常进行，不能一劳永逸。当今世界经济结构重组的基本趋势和显著特点在于通过科技进步促进产业结构的优化。这也是我国经济结构优化的根本途径。只有各地的优势充分被发挥，区域经济的协调发展才能有效被推动。要正确处理全国经济总体发展与地区经济发展的关系，正确处理各地区经济发展相互之间的关系，服从全局，统筹兼顾，优势互补，共同发展，以取得较好的效益。转变经济增长方式，改变高投入、低产出，高消耗、低效益的状况。结构调整要立足于现有企业的改组、改造，立足于存量资产的重组、优化，增量投入必须同激活存量密切结合。

（3）市场分析

企业保证两个关键市场的正常运营，即供给市场与需求市场。在供给市场层面，考虑到我国资源的有限性，资源节约型道路是必走之路。发展绿色经济，实质上是物质的闭环利用。也就是说，如果废弃物可以进行回收再利用，那么资源消耗强度将会有效降低，还可以缓解供给矛盾，节约生产成本。在需求市场层面，新一代的消费者对产品和服务的绿色属性有较强的偏好，企业生产的产品或提供的服务在使用过程中应该有利于人们的身心健康，使用后的废弃物也应该是对环境无害或可回收利用。因此，绿色标签产品将受到人们的青睐，获得更大的市场。此外，那些具有环保形象的企业也能赢得消费者的青睐，从而在竞争中处于有利地位。

（4）成本效益分析

传统经济学理论中有这样的观点，即企业的经营战略是指企业自身和竞争对手在面对消费者时,如何形成独特的竞争优势。其主要通过四个要素来实现,即"Q(质量)、C(成本)、T(时效)、S(服务)"。在这种传统的经营战略中,消费者处于核心地位。企业将获得消费者和利润最大化作为最终目标,不考虑企业与自然生态环境之间的关系,也不考虑可能产生的外部经济效应,换句话说就是企业活动对环境造成的负面影响。随着企业所处宏观环境的迅速变化和社会大众环保意识的逐步提高,公众不仅对企业产品或服务本身感兴趣,也越发在意企业的产品或服务对环境将会造成怎样的影响。目前,已经开始从整体的角度来看待企业的经营行为,特别是企业是否关心社会问题是否承担社会责任。此外,企业社会责任的一个重要方面在于企业对生态环境问题的敏感性,即是否积极实施绿色经营。因为绿色经营的核心是改变传统的高消耗以及浪费资源甚至破坏环境的生产经营模式,建立有利于环境保护和资源节约的新生产经营模式。在绿色浪潮的冲击下,产品的环境指标、环境标识和生命周期等已成为企业竞争优势的基本要素。因此,企业新的竞争优势不仅来源于 Q(质量)、C(成本)、T(时效)、S(服务),还体现在绿色生产、绿色经营、绿色营销等一系列保护生态环境的活动中。

作为一种新的经营战略,绿色经营不仅要考虑企业本身、竞争对手以及顾客这三个要素,还要考虑企业的生产经营活动对生态环境的影响,要将环境价值因素纳入考虑范围,最大限度地减少环境污染,降低环境成本,以期获得最合理的利润。为了提高竞争优势,企业需要遵循自然发展规律,主动采取一系列符合自然规律、有社会责任感的举措,将企业生产经营活动对生态环境的影响降到最低限度。

5.2.3　绿色生产是企业绿色教育实践的基础

1.绿色生产的基本概念

2015 年 7 月,习近平在吉林省就振兴东北等老工业基地、谋划好"十三五"时期经济社会发展进行调研考察时指出:"要大力推进生态文明建设,强化综合治理措施,落实目标责任,推进清洁生产,扩大绿色植被,让天更蓝、山更绿、水更清、生态环境更美好。"其中,习近平对推动生态文明的建设提出了两条路径,即清洁生产与扩大绿色植被。清洁生产实质上就是绿色生产,扩大绿色植被是提升生态环境这种绿色公共物品的水平,属于绿色环境惠民的范畴。绿色生产是生态文明建设的一条路径。总的来说,绿色生产和清洁生产的概念没有特别大的区别。企业绿色生产是指企业以生态伦理、环境伦理、可持续发展观为指导,通过绿色规划、绿色设计、绿色制造、绿色营销与绿色管理使整个再生产过程实现人与人、人与自然的和谐,取得企业经济效益与社会效益、环境效益相统一的一种生产方式。

在产生背景上,绿色生产是在资源日趋紧张、环境日趋恶化的背景下,为满足人民健康需要、顺应国际发展潮流、推进生产文明需要而提出的新型生产方式,是人类社会可持续发展的必然要求,也是企业实现自身价值最大化的必然选择。以节能、降耗与减排为目标,绿色生产的实现手段在于管理和技术的应用,即实现生产全过程的污染物与废弃物得到有效控制,可以达到污染物的综合产生量最少的一种综合措施。在具体内容上,绿色生产是将环境影响与资源消耗纳入生产管理中的现代生产模式,是综合使用现代绿色生产技术、污染防治技术、绿色管理技术来达到资源的最大化利用和污染物最小化排放的一种可持续性生产体系,具体可包括绿色加工、绿色产品、绿色包装等,还包括使用绿色原料、绿色能源、绿色技术设备、绿色工艺以及绿色回收处理。在追求目标上,绿色生产以提升自然资源利用效率、对人体健康和环境危害最小化为目标,使产品从设计、生产、包装、运输、使用到报废处理的整个生命周期中对环境负面影响更小、资源利用率更高,追求的是企业利益、消费者利益、社会利益的统一。总之,为了实现企业、生态与社会效益的最大化目标,绿色生产是面对人与资源环境关系日趋紧张以及经济长久发展的客观需要而提出的。将绿色思想应用于生产环节是生态文明的重要组成部分,这有利于以资源有效利用、生产过程无污染、产品健康可回收为核心的现代生产模式的建立。

企业在生产过程中受到复杂环境等因素的影响,可能会采取绿色生产行为等措施来提高企业应对不确定风险的能力。绿色生产的前提与整个生态伦理的社会化有着莫大的关系。作为生产主体的企业要实施绿色生产,首先要具有强烈的生态伦理意识,有深厚的人文关怀与自然关怀精神,以此来指导企业的行为,而后才能够在生产过程中实施绿色生产。所以,伦理观念的指导是企业绿色生产的灵魂所在。作为节能减排的有效途径,绿色生产的目的在于保护环境,提高环境质量和资源利用率。

2.绿色生产的特点

以现有的污染管理实践与末端治理经验为基础,绿色生产可以说是对传统生产模式的一种变革,弥补了以往模式的不足,有低消耗、低污染、高产出的特点,可以更好地达到经济效益、社会效益与环境效益的统一。具体来说,绿色生产的特点体现在以下几个方面:

在生产的全过程中,绿色生产尽量避免污染物的生成。在以原材料为起始点,生产全过程为中心点,直至产品最终处置为终点的整个生命周期内,控制并减少污染物的产生,从而尽量降低或避免对人体和自然环境的危害。这是对环境的全方位保护。

在原料的使用上,绿色生产尽量选择那些无污染或者低污染的原料,坚决反对有毒有害或难降解材料的使用,减少对环境的压力和风险。在生产的全过程中,绿色生产可以做到对废物的循环利用、变废为宝,这在很大程度上节约了资源。

在设备仪器的使用上,绿色生产鼓励采用先进的设备,从而可以降低生产过程中能源的消耗,还可以提高原料的产出率。同时,当绿色产品的生命周期走到尽头时,依然具有一定的可回收性,对环境造成污染或者存在潜在威胁的概率很低。

此外,绿色生产还有赖于企业规章制度与规范操作流程的完备。只有企业不断加强与完善对生产的管理,才有可能确保绿色生产的顺利实施。绿色生产的具体实践有赖于各种绿色生产工具的不断丰富和逐步完善。

5.2.4　绿色财务是企业绿色教育实践的辅助

随着社会的不断进步,公众的环保意识越来越强烈。在激烈的市场竞争状态下,企业也面临着很大的资源和环境压力。想要在竞争中取胜,企业必须重视社会大众对于环保的关注与在意,亟须加强环保方面的管理,尽可能提高企业资源利用率,降低环保成本。一方面,绿色财务管理是一种新型财务管理手段,在日益激烈的竞争环境中,能够增强企业的竞争力,有助于企业可持续性健康发展。另一方面,绿色财务管理也是企业绿色教育实践的有效辅助。

1.绿色财务管理的基本概念

绿色财务管理满足了市场经济发展的需要,与国家政策、企业自身利益以及生态环境相结合,不仅是社会发展的迫切需要,也是现代企业的新选择。绿色财务管理可以帮助企业获得丰厚的经济利益,也可以鼓励公司积极履行其社会责任,从而使企业赢得良好的社会声誉并最大限度地提高公司的利益和价值。因此,绿色财务管理与企业的良好形象在互动中不断发展与提升。随着全球绿色理念的推行,绿色管理的概念已经在企业管理的各个维度得到了深入的发展。绿色财务管理也在实践中推广和普及。

绿色财务管理是一种较为新颖的财务管理活动,指企业在进行筹资、投资、运营和分配等财务管理活动时,充分考虑到资源的有效利用率和各个环节的环保问题,降低企业绿色成本支出,并同时考虑企业的经济利益和社会的环保利益,实现企业目标与社会目标相统一。传统财务管理的目标是企业价值最大化,但绿色财务管理要求企业不仅要考虑企业价值,还应考虑企业各项活动的社会效益与生态效益,实现企业价值、社会效益与生态效益之间的融合。绿色财务管理的应用对于企业具有重要意义,能够推进企业可持续发展,迎合社会绿色消费的市场需求,增强企业的市场竞争力。所谓绿色财务管理,是指综合考虑资源的有限性、社会的效益性、环境的保护性以及企业的营利性的一种财务管理模式。其中,资源的有限性是指要对有限的资源进行充分、合理地利用;社会的效益性是指企业的生产经营活动要对人类的生存发展有利;环境的保护性是指企业的生产经营活动不能对环境产生破坏;企业的营利性是指企业能够从其生产经营活动中获得经济效益。绿色财务管理的目的是在保证生态资源环境得到保持或改善的基础上,同时实现企业价值最大化以及企业与各个利益相关者的协调发展。绿色管理思想是绿色财务管理产生的原动力。其中,绿色管理思想关注的是企业、社会和自然生态环境的关系,绿色财务管理是从财务的角度来考虑企业目标与社会环境效益的动态关系的一种财务管理。概括地讲,在可持续发展、绿色发展和绿色经济观念的指导下,绿色财务管理将生态效益、社会效益以及经济效益的有机结合作为重心,致力于对传统财务管理的各项活动进行"绿化"处理,从而实现企业价值最大化。可以说,绿色财务管理学是一门以传统财务管理与生态经济学相结合的交叉学科,以生态环境、财务法律法规为依据,关注对自然资源和社会资源耗费的补偿,研究公司财务可持续发展与环境资源的关系,并利用会计方法确认、计量和报告企业生产经营活动对社会、自然资源造成的外部性影响,从而为决策者提供环境价值信息的财务管理理论和方法。

2.绿色财务管理假设与本质

(1)绿色财务管理假设

第一,财务主体假设。从金融学角度,财务实体指具有独立财务权力、责任和利益的经济组织和自然人。经济组织指的是利益相关者的资本组织形式。根据利益相关者理论,股东、债权人、经营者等分别投入资本要素,具有独立的财务权力、责任和利益。作为利益相关者,每个主体都具有选择财务行为的动机,进而影响到经济组织的行为选择。但是,作为生态资源的投入者,由于没有独立的人格和财权,生态环境这一主体极容易被企业忽视。因此,在进行财务活动的选择时,绿色经济视角下的绿色财务管理应将生态环境这一财务主体纳入考虑。

第二,有限理性假设。从社会学角度,理性是指在一定的识别、判断下,行为主体符合特定目的的行为方式。根据行为主体的特点,理性可划分为两种,即完全理性与有限理性。完全理性指的是行为主体具备其特定行为需要的各方面信息,这些信息即使不是绝对完整的,也是相当丰富的。有限理性是指行为主体在信息不充分,能力受到限制的前提下,做出不知道所有可能结果的行为。对企业而言,实施绿色经济一般具有较长的时间跨度,且容易受到外在环境的影响。此外,由于各个财务主体对生态资本、信息成本等认知程度的差异,企业选择恰当的贴现因子是很困难的,更不用说完全准确地预测出每个方案的现金流及分布状态。因此,财务主体的行为所表现出的理性特征为有限理性。

第三,市场有效性假设。市场有效性指的是市场价格对于信息的反映程度,可分为弱势、次强势和强势三种市场。在弱势市场,市场价格只能反映历史信息;在次强势市场,市场价格则可以反映历史信息和现有信息;在强势市场中,市场价格不但具备前两者的基础,还能够反映更多未来的信息。强势市场的交易成本为零,不存在信息不对称,没有套利机会,期权价值也是不存在的。绿色经济下的绿色财务管理更注重分析经济资本与生态资本的关系。如果将经济资本内部各要素关系加入其中,那么绿色财务管理活动可能会充满不确定性和风险,从而使财务管理工作复杂且难以量化,故而提出市场有效性假设。

第四,资本增值假设。财务管理容易受到理财环境的影响。如果能对理财因素中的资本和价格特性做出假定,理财环境的变化对理论研究和实务工作所带来的影响问题。资本增值假设便是其中之一。财务管理的基础前提是假设资本增值。也就是说,如果资本没有增值的可能,就没有必要进行理财。在资本的循环过程中,资本流入量与流出量之间的差值便是资本增值。通过这一概念,可以推导出资金的时间、风险价值。然而,由于主体理财能力差异和投资对象不同,有的甚至会出现资本的负增加。

（2）绿色财务管理本质

长期以来，以企业综合价值最大化为目标的绿色财务管理一直是人们的共识。而绿色经济模式下的企业绿色财务管理以企业经济价值、生态价值和社会价值等综合价值最大化为目标是合理的。相较而言，社会效益的测度比生态效益的测度复杂得多，数据获取较为困难；生态资本与经济资本虽然可以相互转换，但仍是企业的资本形态，容易计量。考虑到企业的不确定性和风险，绿色财务管理符合财务管理目标的一般要求。绿色经济下财务管理的基本矛盾在于生态资本与经济资本的矛盾。两者的投入和收益需要投资者之间的合作，形成一种责任利益关系。企业财务的本质是资本的有效配置。资本配置是指不同来源用途的企业资本在不同时间进行一定的组合，贯穿财务活动全过程。绿色财务管理的本质则是生态资本和经济资本的有效配置，从而实现企业综合价值最大化的目标。

3.绿色财务管理面临的困境

自古以来，鱼与熊掌不可兼得，绿色财务管理与企业经济效益之间的关系也是如此。就我国企业的发展现状来看，大多数企业确实有进行绿色财务管理改革的想法。但由于改革所带来的经济效益不明确、过往经验不足，加之缺乏社会的认可和国家的支持，企业往往不敢大刀阔斧地进行绿色财务管理改革，或只进行小部分改革。如此一来，绿色财务管理改革的过程显得有些缓慢，效果也不明显，与期望达到的状况更是相去甚远。之所以会面临如此困境，原因主要有以下几点：

（1）生态效益与经济效益的矛盾性

生态效益与经济效益的本质均是为了企业自身发展，根本差异在于谁的优先级更高。在短期内，实施绿色财务管理在一定程度上无疑会对经济效益造成负面影响。对于管理者而言，无论从哪个方面考虑，都更愿意放弃生态效益，从而保证自己的经济效益。因此，实现生态效益与经济效益的统一是企业面临的一大难题。由于绿色财务管理是一种新型的财务管理方式,要建立绿色财务管理体系,就必须更新现有的财务管理体系,包括系统、人员等,甚至也要更新业务流程。因此,需要企业付出较大的人力、物力和财力成本。而中小企业本身就存在融资难、吸引人才难等问题,应用绿色财务管理的成本就会更高。

(2)生态效益难以计量

绿色财务管理是一个较为宽泛的概念。由于专家学者意见不一,并且缺乏执行的强制性和国家的大力支持,这一概念尚处于研究探讨阶段。而在企业如何开展绿色财务管理实践问题上也没有先例,因此各项工作难以开展。另外,关于如何界定生态资源的价值和产权、如何计量生态成本和生态效益以及如何分配生态效益等问题都没有具体的实施指南,这导致小部分了解绿色财务管理理念的企业也处于犹豫的状态。毫无疑问,绿色财务管理的实施短期内会使企业的成本增加,但相应的生态效益却很难弥补付出的成本。那么,相应的环境成本就容易转嫁给消费者,从而降低了企业产品的市场竞争力。对于发展中国家来说,由于科技落后,其产品的国际竞争力已经处于劣势地位。如果这些国家再实施环境保护政策,实行绿色财务管理,并将环境因素纳入成本,将更加不利于其产品在国际市场上的竞争,进而影响这些国家的出口。

(3)社会支持不足

在绿色财务管理落地过程中,不仅需要企业付出努力以及国家宏观政策的调控,更需要社会公众的支持。由于国家没有明确对于企业开展绿色财务管理提出要求,企业也并不知道具体的工作应该如何展开,这导致很多人对绿色财务管理理念并不了解。全国上下对于绿色财务管理这一概念还处于陌生的状态,其重要性以及必要性没有得到社会大众的认可。然而,若没有社会的大力支持,绿色财务管理模式的发展将举步维艰。

(4)中小企业环保方面的监管力度有待提高

根据绿色财务管理理论,在绿色财务管理体系应用的过程中,企业需要让渡出一部分利益,或者说多付出一部分成本用于环境的保护,这将会给社会带来一定的效益。但是,很多中小企业都是短期经营性质的,为了获取短期利益进行各项活动,很少有企业愿意让渡利益或者多付出成本来实施绿色财务管理,因此,应提高中小企业环保方面的监管力度。

(5)缺乏成熟的绿色财务管理人才

企业顺利开展绿色财务管理的重要前提是企业要有完善的绿色财务管理制度体系。然而,在绿色财务管理模式的研究层面上,我国还没有建立起完善的绿色财务管理体系。在核算方面,绿色财务管理不可能采用与传统会计相同的货币计量方式。这导致量化指标之间没有直接的相关性和可比性,使得绿色财务管理这一新管理模式所创造的综合收益是难以量化和比较。种种因素使得绿色财务管理的落实难上加难。此外,部分企业由于业务水平低、资金条件有限,很少对财务人员进行绿色会计的培训,甚至有些财务人员对绿色财务管理的概念都非常模糊,这就很难为落实绿色财务管理提供足够的人力资源。

4.应对手段

(1)政府角度

作为行政部门,政府在国家政策的实施和企业的改革中往往起着主导和推动作用。企业需要通过政府对绿色财务管理的支持来获得群众的信任,从而为推行绿色财务管理奠定基础。除了利用环境保护法规和污染物排放强制性法规为绿色生产提供具体的约束和支持手段外,绿色财务管理法律法规的持续细化、企业绿色财务认证制度的推行、绿色财务管理培训的丰富、绿色财务管理营销的实施等措施都可以在一定程度上鼓励和推进绿色财务管理的进一步发展。也就是说,政府相关部门应该采取一定的措施,减轻企业压力,降低企业应用绿色财务管理的成本,刺激企业应用绿色财务管理的动力。首先,政府可以运用给予企业绿色产业财政补贴等直接方式,也可以采用税收优惠、信贷倾斜等间接方式,对企业进行鼓励和支持,让真正的"绿色"企业获得实惠,从而更加有动力和资源去实施绿色财务管理。其次,政府可以进行绿色采购,给予"绿色"企业更多的机会,引导这些企业进行生产和投入,同时也可以在一定程度上引导消费者购买绿色产品。再次,充分发挥社会舆论和监管部门的作用,宣传绿色产品,为生产绿色产品的企业保驾护航,为企业财务管理体系提供好的环境。

（2）企业角度

企业是市场经济活动的主要参与者。从根本上说,市场是资源合理配置机制的结果,能够在一定程度上实现整个社会经济资源的优化配置。作为绿色财务管理的领导者和执行者,企业不仅要从制度上建立绿色财务管理体系、成本控制体系以及财务评价体系,而且要把理论落到实处,动员全体员工学习相关知识和技能,以达到进行根本性变革的目的。企业也应当转变自身观念,不能仅仅看到企业的短期效益,应关注环保问题,重视绿色管理,积极探索绿色财务管理的应用,尤其是一些诸如化工等特殊行业。增强企业绿色财务管理意识,其实主要是针对企业的员工,尤其是管理层。因此,必须要对企业员工定期培训,对财务人员更是要进行绿色会计和绿色财务管理专业知识的培训,对管理人员则要进行绿色观念的培训。让企业所有员工都意识到企业的"绿色"理念,培养企业的"绿色文化"。

（3）社会角度

行业协会是一个特殊的中介组织,它以第三方的视角协调着政府与企业以及产品生产者与经营者之间的互动关系。行业协会虽然不属于政府体制内的管理机构,却始终起着沟通政府与企业之间的作用。可以说,行业协会的社会影响力不容小觑。因此,为解决企业实施绿色财务管理中存在的诸多现实问题,行业协会责无旁贷。一方面,要成立专门的绿色财务管理协会,为企业和政府提供专业咨询;另一方面,还要承担起宣传教育的责任,带领全民学习绿色文化,为企业绿色财务管理和国家可持续发展战略贡献力量。

此外,要加强企业绿色会计的应用,这是绿色财务管理的基础。企业只有实行绿色会计,并以价值的形式将企业对生态环境的影响进行确认、计量、记录和报告,才能为绿色财务管理提供一定的数据支撑。同时,理论界应当加强关于企业绿色财务管理方面的理论研究,为企业在实务中的应用做出有效探索,尤其是要加强对绿色会计的研究,毕竟财务管理工作与会计核算工作紧密相关。

5.2.5 绿色营销是企业绿色教育实践的保障

随着经济和社会的发展,国家对环境保护的重视程度越来越高,致力于追求经济与环境之间的协调发展,并实施可持续发展战略,把绿色营销作为市场营销的发展,符合现代发展的要求。绿色营销也被称为环境营销或生态营销,是一种顺应时代的新兴准公共物品,具有可持续发展的特性。从绿色营销概念出发,了解绿色营销的发展阶段及其发展现状,分析实施绿色营销的意义,并提出实现绿色营销的方法和建议,能够促进企业可持续发展,营造出良好的市场环境,让绿色营销观念深入人心。

1.绿色营销的基本概念

随着人们对环境保护重视程度的逐渐加强,绿色营销的概念随之产生。最初,绿色营销的目标是要将生态环境保护这一因素纳入营销活动之中。因而,早期的绿色营销也被称为环境营销,指的是营销活动中要关注对于环境条件的改善。随后可持续营销的概念是对环境营销的升级概念,其核心目标是在当代人进行营销活动的同时也要注意维护子孙后代的环境利益。绿色营销是对可持续营销概念的再次升级,指在环境的可承受范围内进行营销活动。同样,其主要目的是满足社会发展与顾客购买的需要。

在我国,绿色营销的概念被人们认识和理解经历了一个比较漫长的过程。在绿色营销刚刚引入我国时,限于当时落后的经济条件和消费者淡薄的保护环境意识,绿色营销并没有在理论和实践上取得过多关注。伴随着我国经济的飞速发展以及国际贸易中对绿色贸易的关注,我国对于绿色营销的重视程度逐渐加强,各方学者纷纷开始对这一概念进行了深入的研究。从根本上来说,绿色营销可以是对传统营销的发展和延伸,不仅保留了传统营销的某些特点,而且还具有一定的先进性。在企业进行营销活动的同时,绿色营销可以向受众传达其绿色和环境保护的主张。绿色营销的出现与发展是企业对于消费趋势的一种预先判断。当企业感知到消费者的环保意识逐步增强并且对绿色产品有着越来越高的要求时,绿色营销就成为企业为抓住市场机会而采取的有效的营销策略之一。不仅如此,企业的绿色营销也彰显了企业对生态环境负责任的态度,是一种可持续发展的实践行为。与传统营销不同,绿色营销更为关注的是长远利益的获得。实施绿色营销的企业最终也会实现自身的可持续发展。随着各方学者对绿色营销的研究不断深入,有学者提出,是否实行绿色营销不仅仅取决于企业自身,还取决于政府和消费者。其中,政府行为对绿色营销的发展尤为重要。同样地,实施绿色营销的效果如何也与消费者所持绿色消费观的程度有关。若消费者对绿色产品的需求度越高,那么企业对实施绿色营销的态度就会越积极。然而,消费者对绿色消费观的认可程度及其绿色消费行为的实践情况在一定程度上与政府的培养与引导有着很大的关系。由此可知,政府的所作所为将会切实影响绿色营销的发展。可以说,持续的环保高压政策为绿色营销的发展奠定了很好的制度基础,是我国绿色营销发展的重要机遇期。

作为企业营销领域的一个新生事物,绿色营销相对于传统营销具有以下几方面的特点:第一,融合性特点。这一营销模式融合了市场营销、生态营销、社会营销等多学科领域的知识,可以说是多种营销理念融合碰撞的产物。其所传达的理念是企业需要在较好地满足消费者需要并不损害生态环境的前提下开展营销活动,获得收益,处理好自身与生态发展、客户之间的关系。第二,统一性特点,指企业虽然是追求经济利益最大化的市场主体,但是不能将经济效益和社会效益对立起来,而是需要兼顾二者的统一,这样才能实现企业的持续发展。第三,双向性特点,即企业的绿色营销不仅仅鼓励消费者接受、购买、消费绿色产品,也要求消费者抵制、拒绝各种对于环境有害的产品。四是无差别特点,指虽然在世界各地企业绿色标准存在不同,但是环境友好的诉求是没有差别的,即都要求企业能够在产品的生产、销售过程中减少对环境的污染以及损害。

从经济学有关物品的定义来看,绿色营销准确地说也是一种物品。绿色营销虽并不具备典型传统模型基础上"物品"的有关特性,但从混沌理论的角度分析,绿色营销介于公共物品及私人物品之间,在计算机术语下可以理解为类物品,也就是准公共物品。第一,从局部看,绿色营销具有消费的非排他性和非竞争性特性。绿色营销所有的活动对内是企业发展,对外是面对整个社会,但对于两者之外的个体福利,它并没有通过市场的直接反应做出影响,也就是说并不具有面值上的价值,以及可通过市场进行交易。第二,绿色营销并不能由市场机制进行全方位的供给。绿色营销仅仅是一种效应,一种溢出的侧写,以准公共物品的身份来推动和实现人类的共同利益,它也有可能导致不好的结果,即其效应是广泛的,持续性强,会让并非提出该理念的企业及社会团体也会受利,并成功开拓市场,在低成本的同时抢夺市场份额,从而在同一领域内,发生企业之间的恶意冲突,使不同利益体会爆发出更大的利益冲突。所以,绿色营销不仅仅要保证当前的短期利益,更要保证长远利益的输出,这样才能促成各方利益体的合作共赢,互利互惠,有效推进绿色营销向前发展。

2.绿色营销的意义

(1)有利于推动可持续发展战略

绿色营销与可持续发展战略有一定的相似点,即前者强调经济发展与环境保护的结合,而后者更强调在经济、社会、资源、环境保护方面的协调发展以解决环境破坏、资源乱用等问题。目前,无论是经济还是社会发展,都离不开生态文明建设,而绿色营销将企业、消费者和环境保护相挂钩,通过节约利用资源,生产绿色健康产品,可以提高消费者的生活水平和绿色消费意识。比如,生产一台节能冰箱,在生产时使用安全无污染的材料,生产出来的产品低碳节能,消费者购买这样一台冰箱,不仅可以使用安全绿色产品,还可节约用电,节省开支。促进消费者购买绿色产品,有利于促进经济良性发展,同时也有利于推动可持续发展战略。

（2）有利于打造企业的绿色文化

绿色营销需要企业去实现,企业在进行产品的制造、价格的制定、渠道的选择等方面,以绿色文化理念为出发点。企业追求绿色文化是在原有文化上的升华,也是适应现代化的发展,是以环境保护为主题,讲究产品的健康安全,节约能耗,在企业内部为员工营造健康的工作环境,促进他们对绿色文化的认识,在消费者心目中提高对企业的认识,进而确立和维护企业的绿色形象。

（3）有利于提高人们的生活水平,培育绿色消费观念

绿色消费观念的形成不是一蹴而就的,需要消费者购买绿色产品,通过分析购买体验、产品的质量、价格、产品的使用以及使用绿色产品给自己带来的超额价值等方面,让消费者对绿色产品有所认识。企业实施绿色营销,随之而来的就会有绿色产品。之所以在产品的基础上加上绿色两个字,是因为它比一般意义上的产品更节能、更环保、更健康。比如,电器要做到节能低碳,食品上无农药化肥,塑料制品可降解无毒害等,绿色产品可以让消费者体会到超额价值。提高对绿色产品的认知,不仅可以形成绿色消费观念,还可以提高消费者的生活水平。

3.绿色营销实施过程中存在的问题探究

（1）企业自身存在不足

目前,企业在实施绿色营销的过程中主要有三个方面的问题,即理念层面、技术层面以及管理层面。在理念层面上,一些企业虽然陆续开始实施绿色营销活动,但并未真正树立起绿色营销理念。在技术层面上,很多企业的绿色营销策略依然十分落后,并不能有效地提供绿色产品。在管理层面上,落后的管理方式也是一个重要问题,相当一部分企业在开展绿色营销的过程中并没有开展相对应的管理工作。这导致了相关绿色营销策略的实施效果并不尽如人意,严重的甚至造成了一定的环境污染。

目前,企业绿色营销比较薄弱的一环是产品推广方案缺少绿色消费文化和缺少环境保护理念等,由此导致了企业绿色营销情况不是很理想。很多企业在设计产品推广方案的时候,重点更多地放在强调性价比、具体功能、档次等方面,反而有太多涉及消费者比较关心的产品是否绿色环保、企业生产是否危害环境等绿色文化方面的内容却被忽略,导致了企业绿色营销水平下降。评判企业绿色营销是否成功的重要标准之一,是能否建立起被公众广泛认可并接受的绿色品牌。在部分企业绿色营销工作开展过程中,绿色品牌建设明显滞后,导致了企业在绿色营销方面投入的大量资源无法取得预期效果。从目前企业绿色品牌建设的情况来看,并不是很注重绿色品牌形象的树立,资源节约、环境保护等理念没有较好地融入品牌形象中,品牌形象缺少绿色文化标签,不利于赢得客户的认同。

(2)消费者意识淡薄

在消费者方面,问题主要体现在消费者的绿色消费意识不足。现阶段,我国消费者的消费需求并未真正达到绿色意识的普及。与此同时,由于消费者的经济条件所限,购买力较低,许多消费者并没有意识到绿色产品能带来的好处到底有哪些。毫无疑问,消费者绿色意识的缺失影响了企业的收益,进而影响了企业绿色营销策略的实行。

(3)相关政策的影响

在企业发展中,政策发挥着导向作用。然而,目前我国针对企业绿色营销发展模式还未出台相应的政策,导致现实的监督管理中仍存在一定的问题,这使得许多企业打着绿色营销的幌子破坏资源和环境。除此之外,现阶段市场上仍缺乏权威的第三方机构,影响了市场监管效果,无法对产品实施准确的标准检验。

(4)绿色营销理念缺失

目前很多企业缺失绿色营销理念,对于为什么要进行绿色营销,绿色营销的内涵是什么等内容了解不够,具体表现为绿色营销理念不受重视,企业没有充分结合绿色营销的内涵去开展营销工作,不利于企业主动开展绿色营销工作。例如,部分企业对于绿色营销内涵的了解主要集中在提供绿色产品这一领域,但在品牌推广环节并没有充分结合绿色营销要求,导致绿色营销效果大打折扣。

5.3　企业绿色教育的实践路径

5.3.1　绿色文化建设路径

企业绿色文化建设的目的在于使全体员工共同形成合理利用资源、保护并改善环境的价值观,并将这样的价值观落实到企业实践中,从而在企业的生产经营中做到对环境的保护,在保护环境的同时促进企业生产,实现经济、社会与环境效益的统一发展,坚定不移地走可持续发展道路。从已有的企业实践看,企业绿色文化可以认为是企业创造性的管理活动,具体实践应从以下几个方面入手。

1.企业绿色教育与精神文化建设

企业绿色教育中精神文化建设的重点在于企业的全体员工必须要形成以绿色为共同价值观的基本信念、价值准则、职业修养以及精神风貌。作为企业文化的核心,明确企业精神文化是物质文化和制度文化得以形成的根本依据。总的来说,企业绿色文化的建设需要在企业精神、风气等多个方面体现绿色。

(1)领导层面精神文化建设

一般来说,领导者在企业的生产经营中扮演着主导者的角色。其所具备的企业家精神是驱动企业绿色文化建设的有效途径。作为一种群体性文化,企业绿色文化的建设不仅需要领导者的积极倡导,也需要其逐步培养、身体力行地将绿色文化贯彻到企业的生产经营活动中。首先,领导者自身必须有可持续发展的长期理念,将环境保护定义为企业的基础目标,以达到促进生态经济协调发展的目的。其次,领导者要明确资源的价值。在企业的生产经营活动中，环境也应纳入资源范围。由于环境恶化所造成的损失以及由于环境治理所产生的成本都应计入总成本之中。再次，领导者要具有保护环境的法制观念，认真研究已出台的法律法规，自觉约束企业生产经营中的不当行为。同时，领导者还需要从伦理道德层面进行观念升级。总之，现代企业家应秉承高度的社会责任感，积极投入保护环境、促进生态发展的事业中。

（2）员工层面精神文化建设

在员工层面，首要关注的就是绿色知识的相关培训。培训是一种手段，目的在于增强全体员工的环境保护意识，从而使他们具有承担相应环境责任的能力。培训工作是否有效与充分影响着能否顺利地创建企业绿色文化。此外，广泛的宣传教育工作也是必不可少的。通过那些广受欢迎的宣传教育形式，例如微信、微博、抖音等线上平台，促使员工的绿色意识持续提高。不仅如此，真实的案例也是促进员工绿色意识的有效途径之一。例如，作为通过 ISO 14000 认证的公司，海尔集团特别重视典型案例的作用。通过认证前后的实际状况对比，全体员工可以直观地理解并接受绿色理念，增强环境保护意识以及了解资源利用的相关知识。那些认为实施绿色管理会使企业经济收益降低的观点不复存在。全体员工也将形成实施绿色管理的统一信念，并积极参与到绿色企业的建设之中。

2.企业绿色教育与制度文化建设

企业规章制度是企业管理中的重要一环。它调节着企业内部人际关系和利益关系，是组织企业生产经营活动和规范企业行为的基本程序，也是企业各部门之间的联系纽带。绿色管理制度形成与落实的过程也可以说是企业绿色文化的形成过程。

（1）组建企业绿色文化建设的职能部门

企业绿色文化的建设需要一定资源的投入，比如，人力、物力、财力以及相关技术资源等。虽然各类型的资源在源源不断投入，但是企业绿色文化建设所带来的收益并不是十分直观和快速。因而，在企业绿色文化建设初期,亟须组建负责该事项的工作小组,执行企业绿色文化的建设以及后续的相关工作。小组的成员应具备管理学、环境科学等相关技术知识和能力,最好来自企业的不同部门,且对组织情况十分了解。企业绿色文化的工作小组应作为企业的监察部门,具有一定的权威性,一方面,能够真正影响企业的决策,以保证企业的生产经营活动不会对环境产生破坏;另一方面,可以和企业内的其他部门达成高效沟通,对各部门的工作起到监督作用,从而避免危害环境的行为产生。

(2)进行初始环境评审

一般来说,初始阶段的环境评审是企业规章制度建设的基础,通常需要四个步骤。第一,企业周边环境情况调查。这一阶段主要调查企业所在地的生态环境状况,企业的污染源、排污种类和排污途径,以及企业内部的资源使用和流失情况。第二,企业环境质量评价。在第一步调查的基础上,对企业的污染源及其污染程度、资源及其资源消耗程度与设定标准进行对比分析,做出评价。第三,企业绿色管理目标确立。依据国际、国家、地方以及行业等提出的标准,提出节能减排的量化目标。第四,企业年度绿色计划制订。在计划中,明确指出每阶段的具体行动方案,有计划、有条理地对业务范围进行调整。在对现有业务不断绿色化的同时,逐步将高污染、高能耗的业务淘汰,着力新兴绿色业务的开发。

(3)编制系统性规章制度

编制企业绿色文化的规章制度是一项十分重要的技术性工作,既要结合组织的自身特点和现有资源,也要充分考虑组织所处的环境条件。一般而言,绿色的企业规章制度应保护环境管理规则、专业技术操作流程、环保业务管理规章、环境保护责任制度。

(4)运行与评审绿色规章制度

与一般的企业规章制度不同,绿色的企业规章制度将绿色价值观融入企业生产、营销、财务以及人力资源等的各项规章制度之中,进而形成了一套整体化、文件化的管理制度。这些成文的制度与那些已经约定但不成文的企业规范共同制约着全体员工的行为,保证了企业绿色管理工作能够分工合作、有序高效地进行。规章制度的评审是指在相关规章制度的实行阶段,对整个规章体系的充分性、有效性以及适用性进行审查,以及时发现并纠正存在的问题。

3.企业绿色教育与物质文化建设

物质文化建设是企业绿色文化的表层,是形成企业文化精神层和制度层的条件,能够反映企业的管理思想与理念等内容,主要涉及以下内容:

(1)环境信息公开

企业通过环境信息的公开,让各方利益相关者可以从多方面对其有更深入的了解。例如,对全体员工而言,环境信息的公开可让其了解企业的环境状况,并且对企业的奋斗目标有着更为清晰的认识。对于消费者以及社会大众等利益相关者而言,环境信息的公开可让其了解企业的资源和环境管理情况,理解企业的绿色文化。此外,环境信息的公开还有助于企业树立良好的企业形象,彰显其负责任的形象。

(2)构建绿色企业形象识别系统

企业形象识别系统包括企业理念、企业行为、企业视觉传播等识别系统。企业绿色物质文化涵盖绿色理念在企业名称、标志、标准字体、标准字号、企业外貌、产品样式、外包装以及企业工艺设备等方面的体现。而所有这些内容的确定都是通过绿色企业形象识别系统来完成的。

5.3.2 绿色经营战略选择

在对国内的宏观环境以及企业内外部环境进行整体分析后,需要对企业的经营战略做出选择。企业绿色经营战略的实施不仅能使企业获得全面的环境效益,而且还可以减少来自社会各界和相关政府监督部门的压力,以实现促进有限社会资源的合理配置并充分缓解人类发展资源短缺压力的目标。可以说,绿色经营战略的实施对推进生态社会建设与实现人类社会的可持续发展具有十分重要的意义。特别是对于目前处于以被动环境管理为主的中国企业来说,实施全方位的绿色经营管理、追求企业的可持续发展势在必行。

1.战略变革

我国号召企业应基于绿色发展理念进行经济发展,这就要求企业为适应宏观环境的变化,并使自己实现新的发展,主动进行变革。企业还要根据自身的企业规模、产品、服务和不同的生命周期等,以新的细分市场结构为基础,采取不同的权变战略。由原有的战略转变为绿色环保理念相关的发展战略,使企业更加优化自身的资源配置,获得更强的竞争优势。

2.内部战略的选择

首先,企业需要转变已有的经营观念,包括转变市场观念、竞争观念、社会观念、效益观念以及创新观念,由以往的以本企业特定产品或服务去参与市场竞争,获得相应的企业效益,转变为对自己的产品服务生产技术不断革新,融入新的细分市场,获得企业效益,并对所造成的环境污染采取一系列措施加以有效解决。

其次,是企业的总体战略。随着国家号召企业进行绿色发展,涌现出越来越多新的绿色环保细分市场,致使企业需要以自身的实际情况为基础进行战略选择。已经有越来越多的企业将资源和资金转投向新的绿色环保细分市场,甚至有的企业高层管理者选择及时止损,采取放弃战略,增强企业在新细分市场上的竞争力。如果企业本身就从事绿色经营,提供绿色产品或服务,就应实行加强型的总体战略,并且在企业内部实行业务层战略,进一步开展市场开发与产品、服务创新,打造出具有竞争优势的产品和服务,进入新的细分市场。企业还应该采取区别于竞争对手的营销手段,以差异化形成排他性、独特性、独占性,获得自己应有的市场份额,从总体战略考虑,顾全大局,发挥优势。

除此之外,随着国内不同行业市场的竞争越来越激烈,传统企业还需要在一系列的总体战略与竞争战略的引导下,最大限度地挖掘企业内部各部门、各单位的潜力,并且最大限度地把企业资源集中到绿色环保的新的细分市场上。例如,企业的营销部门制定出绿色营销组合,调查消费者的绿色消费情况;在产品的不同生命周期应考虑产品的包装是否会对环境造成污染,影响企业的绿色发展;选择正确的绿色渠道,制定合理的绿色价格;在传播绿色信息的同时进行绿色促销。营销部门还要对新的市场环境进行分析,识别新的细分市场对本企业之前生产的传统产品或服务的营销是否构成威胁并形成挑战,同时找出新细分市场对本企业创造的市场机会,形成新细分市场独特的营销对策。

针对理想业务,由于当下经济社会环境的影响,出现了新领域和新的细分市场,各行各业的竞争都很激烈,企业应抓住机会,实行产品或服务的更新升级,并以此为优势,迅速占领新的细分市场份额,获得收益。

针对风险业务,虽然国内出现的新细分市场有很高的投资收益和升值空间,但是企业不应盲目跟风,也不应犹豫不决,丧失机遇。这时,企业应该细分市场的优势与劣势,扬长避短,寻找突破口,理性获得自己应有的市场份额。

针对成熟业务,由于绿色发展理念的提出,许多行业会发生变化,但也有一些领域较少受到其影响,所以,企业可以把自己与这些领域所涉及的、与之相关的业务作为成熟的业务,用来维持企业的正常运转,并可以把它作为企业实现理想业务与风险业务的基本保障。

针对困难业务,国内的大多数企业都拥有一些在一定程度上破坏环境的传统业务,企业改变不了外部宏观环境的变化,只能选择采取收割清算战略来解决这一难题。

针对企业内部应采取绿色供应链模式,同一环保领域新的细分市场的上下游企业可以进行联合发展,有利于企业更好地利用资源,并减少相应废弃物的排放量,增加产品的附加值,使企业获得有利的双重竞争优势。

3.外部战略的选择

基于外部宏观大环境的变化,我国企业可以选择适应和追随环境战略。首先是适应环境战略。企业在没有任何可能去影响外部宏观大环境的变化下，要对此做出反应，采取措施。对自身的内外部战略进行相应的变革，自我调整自身以适应外部环境的发展，获得竞争优势。其次是追随环境战略。国内环境目前以绿色发展理念为主，企业在适应环境的同时，还要对外部环境进行适当的预测。比如，未来宏观环境的发展方向是基于绿色环保基础的人工智能高新科技，企业就要率先做出一定的预测，紧跟外部宏观环境而创新变化。

总之，国内绿色发展理念的提出，需要企业及时、主动、积极地根据这一战略做出相应的改变。以绿色教育为支撑，获得绿色增长。

5.3.3　绿色生产实现路径

绿色教育促进绿色科技进步，绿色科技促进绿色生产，而绿色生产的发展是一个系统，需要借助于完整的现代绿色生产体系来实现。从绿色生产的基础设施、生产方式、生产管理、产业结构等多方面来完善绿色生产体系，扩大绿色生产规模，提高绿色生产发展速度，完善绿色生产结构，推动绿色生产进一步发展。

1.完善绿色生产条件

建立现代绿色生产体系必须要创造良好的绿色生产条件。为绿色生产增加绿色技术供给，提供绿色财税支持，建立绿色产业集群来推动绿色生产活动顺利开展，实现绿色生产稳步、可持续扩大。绿色生产方式的建立，依靠绿色生产技术的有效供给。绿色科技使绿色生产成为可能。首先，绿色科技提供资源有效利用技术，用于生产，实现资源节约。新能源开发技术的成熟，使更多的可再生能源、清洁能源能大量生产和投入使用，代替不可再生的化石能源。通过资源利用率的提高、清洁能源的使用，推动生产过程的绿色化。其次，绿色科技会提供新的绿色生产工具与工艺，能使生产污染物排放率降低、污染减轻，资源浪费减少，以更小的投入获得更多产出，使生产过程更加节约环保。只有切实为生产者提供能够进行资源节约与环境保护的绿色生产技术,才能使绿色生产成为现实。绿色生产技术的供给是生产者进行绿色生产的必要条件。

建立绿色产业集群。首先,政府统一规划。政府为相关企业提供绿色生产必要的基础设施设备,促使绿色企业集中到园区,进而推进绿色产业集群和产业园的建立。其次,通过加强改善产业园区的生态环境,为生产者创造人性化、低碳化的生产环境,提高绿色生产的积极性。此外,在全社会营造一种绿色生产的氛围,有利于加快绿色生产方式的建立。通过绿色生产知识的宣传,让生产者了解到绿色生产的经济和社会意义,使全社会在关系到每个人切身利益的健康生产方式方面达成共识,进一步推动绿色发展。

2.建立绿色生产方式

建立绿色生产方式,从原料采集到生产过程,再到产品包装,都要做到绿色环保,从能源到生产工具和工艺,整个产业链条都要做到绿色、高效,以推动绿色生产。

进行绿色生产的第一步就是要保障生产的原料无毒、无污染。通过政策引导企业综合原料的价格、质量、性能条件等,选取选用最能符合绿色生产需要的绿色原料。生产者要对原料进行检验检测,确保原料中不含有毒物质,不会危害人体健康,不会影响或污染环境。在原料的开采过程中尽量减少对环境的负面影响。同时,对破坏的地表植被等及时做好恢复工作。在原料运输与储存过程中,做好密封保存工作,减少在运输过程中的损耗和对大气的污染。在原料储存过程中,做到不露天堆放,不随意乱放,避免与空气接触产生化学反应。

生产能源的清洁环保是推动能源体系绿色低碳转型的一个重要环节。坚持节能优先,以更清洁的能源来代替传统能源的使用,完善能源消费总量和强度双控制度。以可再生能源代替不可再生能源。与不可再生能源相比,可再生能源的一大优势是取之不尽、用之不竭。在不可再生能源储量日益枯竭的背景下,提高再生能源利用比例,大力推动可再生利用,因地制宜发展水能、风能、地热能、海洋能、氢能、生物质能、光热发电已成为人们解决能源枯竭问题的新方法。同时,可再生能源更具有清洁、环保的优势,且分布范围广,适宜开发利用。以生物能源代替化石能源。与化石能源相比,生物能源在生产成本、安全性能、环境保护上具有多重优势。

绿色产品是绿色生产的基本内容,也是科技运用于生产的具体体现。首先,产品质量与技术要符合绿色生产、安全生产的标准,企业必须生产质量与技术合格的、具有市场竞争力的绿色产品。其次,产品满足绿色消费的需要,有利于消费者身心健康。产品设计要做到以人为本,符合人性化需求。这样,企业在市场竞争中会更具竞争力优势,为绿色生产者带来更多的利润。此外,产品的生产有助于达到资源节约与环境保护的目的。在原料选取、生产与消费以及最后回收处理过程中做到对资源的消耗更少,产生的废弃物更少,对环境的负面影响更小。

产品包装也是生产过程中的一个重要环节。进行绿色生产也要保障产品包装材质的绿色。通过遵循保护环境与节约资源两个原则来选取包装原料和生产。首先,在包装原材料的选取上,尽量选取像秸秆这样天然环保材质,原料来源广泛,价格低廉,最大限度地利用自然资源。对天然植物包装等的利用,减少了秸秆燃烧带来的环境污染,可以保护生态环境。其次,产品包装尽可能重复利用,减少一次性包装物的生产与使用。最后,产品包装使用后,包装材料具有可回收再利用或可降解性。产品包装在多次利用之后,可通过技术进行生产降解,使最终无污染的物质再次进入自然界。

3.完善绿色产业结构

产业结构的完善,对推动绿色生产发展具有现实意义。国民经济的三大产业之间是相互促进、相互影响的。绿色生产包括绿色农业、绿色加工业和绿色服务业。这三大产业之间存在密切关系。绿色农业的发展有利于推动绿色工业与绿色服务业的发展,绿色工业又为绿色农业、绿色服务业提供绿色生产工具,加快绿色农业、绿色服务业的发展。绿色服务业包括绿色科技,又大幅度促进绿色农业与绿色工业的发展。

以农业为核心的第一产业发展是一国基础,对国民经济发展具有重要现实意义。但是,农业受自然影响与制约最大,高度依赖于自然条件,需要尊重自然、顺应自然、保护自然,使得农业发展符合自然规律,借助绿色科技,促进农业生态化发展是其根本出路。绿色农业的发展,为工业提供绿色农产品、绿色原材料,在企业生产的源头——原料环节保证产品绿色化,推动绿色农业生产的发展。

工业是一国经济的支柱和主导。在中国目前和今后若干年内,国家的经济实力在很大程度上取决于工业实力。以制造业等为主的工业绿色化是推动整个经济绿色发展的主力军,能大大推进绿色生产的发展进程。

以交通运输业、服务业、金融业为代表的第三产业在国民经济中的比重稳步上升,对经济发展的推动力也逐渐增强。第三产业的绿色发展是整个国民经济绿色发展的重要引擎,能够稳步推进第一产业、第二产业的绿色化发展,促使产业结构不断向中高端迈进。

4.加强绿色生产管理

通过对绿色生产活动进行科学化管理,规范绿色生产活动。以绿色生产的制度化、规范化来提高绿色生产效率与产品质量,实现绿色生产发展。进行绿色生产,必须要建立统一、与时俱进的绿色生产标准,以此衡量生产过程是否规范,产品是否达标。绿色生产标准的建立,有利于规范企业的生产活动,便于企业的绿色生产管理,提高管理效率,降低管理成本。

对产品质量的监测是产品流入市场前的最后一套程序。通过加强对绿色产品的检验检测,确保绿色产品质量符合国家绿色生产标准,避免不合格产品流入市场。

绿色产品的认证是对产品质量的肯定与保证。绿色产品标志要明显,以便于消费者区分、选择绿色产品。这就需要建立统一、标准的绿色产品认证系统,推动绿色产品认证体系的完善,以及绿色生产的规范化。

5.3.4　绿色财务体系构建

绿色财务管理是对传统财务管理的修正与补充,包括绿色筹资、绿色投资、绿色营运和绿色分配。

1.绿色筹资

绿色筹资又称绿色融资,包括在选择融资方和融资渠道时,除考虑筹资成本,还要考虑社会与生态效益。在选择融资方时,企业要利用自身可持续发展的绿色理念去吸引融资方的关注,从融资方处获取所需资金。具体而言,"可持续发展的绿色理念"就是企业在进行绿色生产和筹资过程中也关注到自身的环保责任,选择融资方时要注意选择与自己同样具有绿色思想的投资方。例如,2018 年 9 月,江苏省九个部门联合推出了《关于深入推进绿色金融服务生态环境高质量发展的实施意见》,明确要大力发展绿色信贷,优先支持绿色信贷产品和服务,坚决抑制污染性投资等。通过该意见的内容可以看出,企业在进行绿色筹资时,可以优先选择有绿色金融服务的机构作为融资方,为自己提供资金支持。在选择融资策略时,要充分利用国家对绿色行业、绿色产品、绿色企业的支持政策,如低息贷款、专项贷款;还要在国家制度范畴内创新筹资方式,如绿色股票、绿色债券等。尤其是 2013 年以来,全球绿色债券出现了迅猛发展,是近几年绿色融资的重要融资工具。

2.绿色投资

绿色财务管理投资活动的主要目的有所扩充,就是在以相对较低的投资风险与投资总额获取较多收益的基础上,还要承担相应的社会义务。绿色投资的具体操作可以参照 2018 年 11 月中国证券投资基金业协会发布的《绿色投资指引(试行)》。企业可着重对绿色产品、绿色企业、绿色产业和绿色技术进行投资。绿色产品是指对环境无污染、有益于消费者和社会的产品;绿色企业则是指生产绿色产品,或者生产过程有益于降低资源消耗、综合利用资源等的企业;绿色产业是指新能源、环境保护、资源综合利用等产业。此外,企业可成立专门的投资研究团队,深入分析值得投资的绿色项目,并研究投资的具体方案,完善绿色投资相关的数据库。也可以聘请专业的第三方机构对投资项目以及绿色投资的效益等进行多方面的风险分析,为绿色投资决策提供理性的数据支撑。

3.绿色营运

营运资金管理是企业财务管理的重要内容,要考虑建立绿色财务管理体系,就必须重视绿色营运资金管理。由于秉承绿色思想,在进行传统的营运资金管理基础上,绿色营运要保证不发生因环保问题导致的绿色成本。在具体的经营活动中,保证绿色营运需要重点关注两个方面:一方面,要给予绿色项目、产品等充足的资金支持;另一方面,避免不必要的绿色成本,如不能产生因违反环境保护相关的法律法规的罚款,不能因企业不承担环保的社会义务降低企业形象,导致企业丧失相应的收益。

4.绿色分配

在进行绿色分配之前,应按一定比例提取绿色公积金,以弥补绿色融资和绿色投资活动的资金短缺。在进行绿色分配时,要考虑分配顺序与比例等问题。在分配顺序和比例上,应对绿色投资者有所倾斜。首先,应该考虑优先对绿色投资方进行分配,而且对先来的绿色投资者的分配比例要高于后来的绿色投资者的分配比例,这样才能够吸引更多的投资者愿意争先进行绿色投资;在分配比例上,绿色股东的分配比例要高于非绿色股东的分配比例。另外,为了鼓励绿色债权人对企业进行投资,可以让绿色债权人享有一定的利润分配权。

5.3.5　绿色营销体系建设

1.政府应鼓励绿色营销的发展

政府应给予实施绿色营销的企业以资金支持,不仅可以使企业顺利开展绿色营销,也有利于国家的可持续发展。政府还应该制定相关的法律法规,对环境污染严重的企业给予法律上的警告,为绿色营销的发展开辟道路。同时,政府应在省市县进行宣传教育,提高人们对环境保护的重视,让大家认可绿色产品,提高绿色产品销量,使绿色营销这种方式成为一种潮流,让更多的企业使用这种方式来发展经济。

不仅如此,国家有关部门也应设立专业的检测机构,以达到管理与监督绿色产品生产全流程的目的。相关检测机构对企业生产的产品以及产品生产环境等情况进行检测,严格控制绿色产品生产的每个环节,进而确保产品安全无害。与此同时,对产品生产流通环节的日常监督也是十分必要,相关检测机构要增进与工商等部门的联系,共同保证产品的安全。总之,加强我国绿色产品的质量管理和监督工作要从以下两个方面入手:一要在产品生产地建设专业绿色产品检测机构和监督部门,二要加强绿色产品检测专业队伍建设,配备专业人员,并不断加强培训教育,提高他们的专业能力和业务水平。

2.培育企业绿色文化

首先,让企业员工认识到绿色营销的重要性,为他们开设相关课程,如关于绿色发展的知识问答,充分调动员工的积极性。通过每一位员工建言献策,让绿色文化深入企业管理内部,从根本上实现企业的绿色发展。积极参加环境保护活动,营造良好的企业形象,在产品宣传上突出绿色主题。其次,企业需要注重绿色品牌建设,着力塑造具有影响力、知名度的绿色品牌形象,赢得客户对于企业产品的认可。在绿色品牌建设过程中,关键是要提炼出绿色品牌文化,赋予企业良好的绿色文化形象,从而带来企业绿色营销水平的提升。企业建设绿色品牌的关键之举在于将企业在环境保护方面所做出的各种努力、所取得的各种成绩进行提炼总结,将其作为重要的品牌诉求点,从而让品牌更有绿色环保内涵。

3.优化产品营销推广方案

品牌可以被认为是产品的核心灵魂,对产品的价格和销量起着重要的推动作用。生产绿色产品的企业若有意形成自身独特的品牌,必须通过品牌宣传来增加其产品知名度。一般而言,品牌得到消费者的认可需要较长的时间。因而,企业需要加大品牌宣传力度才有可能形成属于自己的绿色产品品牌。

企业在绿色营销中,需要在方案设计方面更好地践行绿色营销的要求,方案的着力点更多地放在产品的无污染生产、产品的无公害等方面,需要做到不断创新,围绕环保、生态等大做文章,将企业在环境保护方面所做出的努力传达给消费者,增强消费者对于产品的认可。

4.树立绿色营销理念

企业管理者首先需要树立绿色营销理念,对于开展绿色营销的必要性以及迫切性有一个客观的认识,这样才能够提升绿色营销的自觉性和主动性;对于绿色营销的内涵有准确、全面的了解,相关措施才能够更加科学合理。企业需要组织广大员工进行绿色营销的培训学习,将绿色营销理念与企业营销进行全面整合,切实提升企业绿色营销水平。例如,通过宣传贯彻绿色营销理念,让广大职工了解到绿色营销不是追求将提升营销业绩建立在牺牲环境的基础之上,而是要寻求企业营销与生态保护的平衡,实现企业营销业绩的高质量提升、可持续增长。

5.4 实践案例

5.4.1 案例介绍:华电宁夏灵武发电有限公司

"谁说煤电就不能绿色?谁说煤电厂就不能是绿色企业?华电灵武就要打造煤电中的绿色企业!"华电宁夏灵武发电有限公司(简称"华电灵武")总经理多年前的豪言壮语,如今看来几乎已经成真了……

1.破茧而出,灵武诞生

华电宁夏灵武发电有限公司成立于 2006 年 2 月 26 日,是由华电国

际电力股份有限公司和中铝宁夏能源集团有限公司一同投资兴建的现代
化国有特大型火力发电企业。华电灵武借助华电集团在超超临界空冷机
组方面的技术优势早有体现，在建设之初就引进了先进的能耗低、污染小
的发电机组。2011 年，新能源的兴起以及政策形势的变化使得华电灵武
感受到了从未有过的威胁和挑战。公司负责人与管理层审时度势，认为
企业必须转变发展思路，最终打造绿色企业。由此，华电灵武便开始了绿
色企业建设之路。

　　在这条路上摸爬滚打的几年中，华电灵武发生了很大的变化，如今已
成为拥有电力生产装机容量 332 万千瓦时的绿色企业。在节能降耗方
面，华电灵武一直走在国内发电企业的前沿。2015 年，华电灵武累计完
成发电量 192.6 亿千瓦时；完成综合厂用电率 7.30%，较年度计划降低
0.15%，厂用电中太阳能发电占比逐年上升；发电油耗完成 6.73 吨/亿千
瓦时，同比降低 5.07%；发电水耗完成 3.30 吨/万千瓦时，降低了 14.3%。
2015 年机组供电煤耗完成 310.72 克每千瓦时，较 2012 年下降 6.04 克每
千瓦时，2012—2015 年累计节约标煤 25.1 万吨。

2.发展桎梏，谋求转变

　　就在华电灵武尚处建设时期，煤电行业却经历了前所未有的挑战。
其间，国家开始倡导清洁发展，以扭转 2002 年到 2008 年期间以环境成本
为代价的"先发展后环保、先污染后治理"的发展模式。自 2008 年之后，
全行业出现经营风险大、亏损企业多且比重连年上升的情况。资产负债
率持续上升，由 2009 年的 72.71% 上升到 2014 年的 89.25%，全国发电企
业累计亏损 3 783 亿元，每年亏损企业数均在 1 000 家以上。这些惊人的
数字背后也揭示出了煤电行业面临的巨大挑战。华电灵武的节能减排工
作绝不是被动的服从政策、避免罚款。作为一家央企的下属公司，作为一
家关系国家能源安全的煤电企业，相比盈利的企业目标，更多是要承担国
家、社会赋予的责任。为当地创造就业、提供电能的同时，也要承担起保
护环境的责任，履行节能减排的义务。随着民众环保意识的提高，社会对

高能耗、高污染的企业态度日趋恶化,对煤电企业的节能减排要求也达到空前高度。

此外,国家逐步将新能源作为重点产业大力发展。自我国的可再生能源法出台,国家陆续颁布了可再生能源价格的全国分摊政策、可再生能源增值税收减免等政策。这对于华电灵武来说也是一段不平凡的时期,两期工程均已投产发电,电厂初期建设扩张的阶段完美收官,发展战略也要从扩张转变到运营。面对这样的局势,公司负责人与华电灵武的管理层一同思考着未来的发展方向,凭借自己在电力行业多年摸爬滚打的经验,他们笃定,能在未来发展好的电厂一定是环境友好、能耗低、成本低的电厂。这一切似乎都指向了节能降耗,这不仅能够满足国家政策对电厂的要求、实现承担社会责任的愿望,同时降能耗本身就是降成本,而低成本就是煤电厂的核心竞争优势。仅仅是发电机组的优化已不能满足现今的节能降耗的需求,全厂各个运行环节的节能优化才是当今形势下节能降耗的正道。考虑到这一层面,公司负责人决心将节能降耗、环境友好的理念落实到华电灵武的每个细节,将华电灵武打造成电厂中的绿色企业。

3.革故立新,进退维谷

建设绿色企业说起来好听,但如何落实到实践中却是个问题。公司负责人和华电灵武的管理层最终将目光集中到电力本身。华电灵武的技改项目已经如火如荼地开展起来。2011年开始,华电灵武就不断引入新的技改项目,之后更是加大了技改投入力度,积极采用节能新技术,倡导环保技术创新。公司按照节能降耗目标计划有序推进项目实施。在引进新技术的同时,对厂内能耗高的辅助设施实施自主技术创新也能降低厂用能耗,间接降低单位电力煤耗。在明确建设绿色企业的目标后,华电灵武积极寻找技改机会,努力推进华电灵武与学术研究单位的合作。2012年,他们投入180万元,与浙江大学合作,开展入炉煤掺配掺烧研究,拓宽了机组的适烧煤种,节约了燃料成本。发电过程中产生的大量热能也是一笔巨大财富,华电灵武对此进行了发电端的技术改造。热能综合利用项目自启动以来,工程厂内总投资接近 1 亿元,规划供热面积达 600 万平方米。通过热能的综合利用,把电厂的高温蒸汽用管道引出来,输送给周围的工厂、医院、居民使用,再次降低了单位电力能耗,灵武市能耗高、污染大的分散小锅炉逐步关停。

虽然华电灵武节能减排工作进展顺利,公司蓬勃发展,有件事情却始终困扰着公司负责人……技改带来的效益是有限的,虽然现在企业的排污量已经远低于国家标准,但是成本也大大提升了,企业绩效并没有出现显著提高。这其中的关键便是人。

4.大刀阔斧,改弦更张

(1)渐入佳境

员工可能在平常的生活中没有环保意识,那我们就做一个提醒者。华电灵武的氛围也渐渐变得不一样了,原先单调的车间、厂区更多挂起了带有"绿色""环保""节能"字样的条幅,墙上多了许多新鲜的节能管理办法,以往粗放浪费的工作方式渐渐看不到了。宣传部门积极开展丰富的节能宣传月、宣传周活动,组织节能知识讲座,利用公司官方网站、社交媒体平台等各种形式宣传节能降耗工作的紧迫性、必要性和相关知识。企业内部大力开展节能宣传,在照明、用水点设置"请使用自然光""请节约用水"等温馨提示。

在深入分析年度节能情况的基础上,生产技术部认真制定年度节能安排,并将计划不断细分至月、至部门,再由部门将月计划详细划分至班组与岗位,真正实现责任到人、压力到人。同时,也规定了每位员工的节能学习计划,即每位员工每个月需要完成的最少课时与最低成绩标准。项目负责人要及时更新相关节能知识的培训内容,确保其所负责的岗位人员每周至少四个小时的培训课程。

人力资源部将节能工作与激励机制相结合。为确保完成年度目标,每月下达月度能耗计划,并根据月度能耗完成情况对所属企业进行奖惩。所属企业对上级下达的年度和月度计划进行分解,落实到部门,每月根据计划完成情况对部门进行奖惩。公司内部每年都会至少安排专项资金 200 万元进行对标奖励,并开展"节能型"班组创建等活动,还会安排 40 万元专项资金开展运行岗位小指标竞赛。针对机组检修,安排专项奖励资金,对完成节能目标的检修项目及个人进行奖励。

(2)恰中肯綮

为让绿色之势在公司蔓延,各部门之间的协作还可以更上一个台阶。工作人员草拟名单,把各级干部都调动起来,建立一个体系。从管理中找节能是企业进行绿色化建设的重要途径,这不仅因为通过管理手段降耗相比技术改造的成本要低,更因为管理手段可以使各个部门参与到打造绿色企业当中来,能够营造良好的节能氛围。鉴于此,公司负责人面向全公司发起动员,强调当时的首要任务就是建立一个节能管理组织体系,完善相关管理制度。一个行之有效的想法就是公司要建立以总经理为带头人的节能降耗领导小组负责定期研究部署企业节能工作,推动各项节能工作落实。具体来看,就是建立一个三级节能结构,公司为一级,由总经理担任组长,负责对公司整体节能工作进行全局管理、监督和考核,设置节能工作专责人,作为公司专职能源管理人员,负责节能领导小组的日常工作;部门为二级,由各个部门的负责人担任二级组长,主要负责监督、落实、考核以及总结管辖部门的节能工作;班组则为三级,由班组长担任组长,承担具体节能管理工作的落实。此外,对各部门与岗位在节能管理中所承担的责任进行确认。同时要形成能源管理负责人任命和培训机制,固定每月召开节能降耗分析会议,定期开展节能自查评工作。既然要组建节能领导小组,那就要依据规章制度明确节能优化运行方式,以成文的规章制度作为检验公司日常节能降耗工作开展情况的根据,奖优罚劣。要形成公司、车间、班组以及个体员工层面清晰的节能降耗目标责任体系,不断完善长效管理与抽查相结合的激励机制,以此促进节能降耗工作的有力开展。信息技术部自主开发的生产报表管理系统可以每天以生产日报的形式对全厂生产指标进行统计发布,同时建立了 SIS、PI 等指标实时在线监控系统。这些可以帮助其他部门开展能耗监督等相关工作,实时监控机组的反平衡煤耗,评估机组能耗状况。

5.山重水复、柳暗花明

时移世变,就在华电灵武绿色企业建设成果日益显现之时,国务院针对进一步深化电力体制改革发表了相关意见,揭开了新一轮电力体制改革的序幕。新电改预示着计划配电的时代已经过去,发电企业从此进入了竞价上网的阶段,且煤电上网额度受到限制,发电企业再次遇到危机。新电改中电网独立、市场开放,未来的趋势是售电侧放开,原本不必担心销路的发电企业将加大市场营销投入,争取用户。电力本身就是同质化的产品,因此价格就成为竞争的唯一因素。从 2015 年煤电行业的表现来看,全国同类发电厂的设备利用小时数普遍较低。全国的煤电设备利用小时数平均不足 4 300 小时,而正常的火力发电厂都是有 5 500 小时的产能设计,甚至可以发挥到 6 000 多小时,行业出现了严重产能过剩。在"十三五"期间,甚至到 2020 年、2030 年,整个行业都无须再增建火力发电,只要现有发电厂设备的利用率即可满足电力需求。2016 年 4 月发改委的通知提出,在"十三五"期间将严格控制煤电新增规模,取消、缓建一大批煤电项目。灵武市周边的农作物收割后的废料大都存在无人处理的情况,最后几乎都是被农民低效焚烧,严重污染了环境。灵武市每年都花大力气来处理这些废料,但是效果仍不理想。而这些废料却是发电燃料的仍不理想,是成就生物质发电的地域优势!通过咨询专家,认识到生物质发电与煤电还有一定的协同作用,可以将发电设备闲置的能力发挥出来,对锅炉的排放和燃烧也会有一定的改善。

6.精进不休、乘风破浪

如今,华电灵武已经在行业中属于佼佼者。面对煤电行业环境逐渐趋于严峻,华电灵武开辟了煤电企业绿色发展的新思路。建设绿色企业能否帮助华电灵武在未来动荡的行业环境里谋得生存和发展呢?

5.4.2　案例分析

1.华电灵武的绿色企业特征

（1）提供绿色产品

除了供电，华电灵武积极开发发电过程中产生的大量热能，工程厂内总投资接近1亿元，规划供热面积达600万平方米。通过热能的综合利用，把电厂的高温蒸汽用管道引出来，输送给周围的工厂、医院、居民使用，再次降低了单位电力能耗，灵武市能耗高、污染大的分散小锅炉逐步关停。

（2）开发绿色技术

华电灵武逐步加大技术创新投入力度，积极采用节能新技术，提高节能水平，例如，优化汽机通流部分和锅炉喷燃器、优化燃烧器结构、优化机侧热力系统等。在引进新技术的同时，对厂内能耗高的辅助设施进行技术创新也能降低厂用能耗，间接降低单位电力煤耗。努力推进灵武公司与学术研究单位的合作。2012年，华电灵武投入180万元，与浙江大学合作，开展入炉煤掺配掺烧研究，拓宽了机组的适烧煤种，节约了燃料成本。绿色技术的开发与应用极大解决了资源耗费与环境污染等问题，既可以带来经济效益与社会效益的共同提升，还可以在不以牺牲生态环境为代价的前提下实现企业的可持续发展。

（3）开展绿色管理

华电灵武把生态保护观念融入企业的生产经营管理之中，用生态论的方法进行企业管理，建立了以总经理牵头的节能降耗领导小组，负责定期研究部署企业节能工作，形成公司到部门再到班组的一个三级节能结构。在详细分析年度节能情况的基础上，生产技术部认真制订年度节能计划，并将计划分解到月、部门，由部门再将月度计划分解到班组和岗位，实现责任到人、压力到人。同时，规定了每位员工的节能学习计划，并由相关负责人保证学习计划的完成。

（4）推行绿色文化

华电灵武各车间、厂区都挂起了带有"绿色""环保""节能"字样的条幅,墙上多了许多新鲜的节能管理办法。宣传部积极开展丰富的节能宣传活动,组织节能降耗等相关知识讲座,利用公司网站、多媒体等各种形式宣传节能降耗工作的必要性和相关知识。结合2014年以来的"全面推进7S管理"工作,企业内部大力开展节能宣传,在照明、用水点设置温馨提示。在这种生态理念中着力构建和增强企业机体的活力,赋予企业以自然有机性的自身和谐,进而使企业有着更强的竞争力和长久的竞争优势。

（5）试点绿色营销

华电灵武一方面增加与大企业的合作洽谈,推动核心供电业务更加面向大企业直供的机会,减少能源损耗,优化配置电力资源;另一方面给予更加智能化的增值服务,例如,提供冷热联供系统、新能源开发等方案。就具体内容而言,华电灵武积极开展绿色宣传,实行绿色促销,制定绿色价格策略,选择疏通绿色渠道,宣传树立绿色形象,提供绿色服务等,将资源的节约再生与减少污染的生态环保原则贯穿于电力营销活动的始终。

（6）践行绿色财务

华电灵武每月下达月度能耗计划,并根据月度能耗完成情况对所属企业进行财务绩效考核,并对上级下达的年度和月度计划进行分解,落实到部门。公司自主开发的生产报表管理系统可以每天以生产日报的形式对全厂生产指标进行统计发布,同时建立了SIS、PI等指标实时在线监控系统。

2.华电灵武绿色企业建设的驱动因素

（1）阶段一的驱动因素

外部驱动:一是政府驱动。国家落实贯彻可持续发展相关政策,坚持可持续经济、可持续社会和可持续生态协调统一,制定严格的排污标准。此外,各项政策出台以限制煤电污染物排放,如碳税、排污权管制、排污税等。二是竞争者驱动。行业内的装机规模仍在快速增长,五大发电集团仍在抢占份额,大唐、国电等纷纷开展绿色企业建设。三是消费者驱动。民众环保意识空前提高,社会对高能耗、高污染的企业态度日趋恶化,对煤电企业的节能减排要求也达到空前高度。随着环保理念深入人心,人民对环境污染的容忍度逐步降低,对清洁生产、优质空气的呼声逐渐高涨。

内部驱动:首先是内部资源驱动。两期工程均已投产发电,电厂初期建设扩张的阶段完美收官,发展战略也要从扩张转变到运营,企业已经形成一定的规模效益,逐步进入稳定期,固定资产处于行业中上水平。其次是内部能力驱动。华电灵武具有充足的技术储备,例如 1 000 MW 超超临界直接空冷机组研制、系统集成与工程应用项目等。

(2)阶段二的驱动因素

外部驱动:主要是政府驱动。政府进一步加大环保监控力度,提高排污税等一系列税收,环保政策收紧。前期技改效果虽已达到极致,却仍未达国家标准。

内部驱动:一是管理者驱动。作为一家央企的下属公司,除了盈利的企业目标,更多是要承担国家、社会赋予的责任。对管理者而言,在为当地创造就业、提供电能的同时,也要承担起保护环境的责任,履行节能减排的义务。各项要求迫使管理者转变思路,坚持可持续发展理念,制定建设绿色企业的目标。二是内部资源驱动。每年面向全国招收应届毕业生,能够保证高端人才引进。三是内部能力驱动。创新的组织管理能力,例如实施责任到人制度,建立节能领导小组等。不仅如此,还具有较强的煤电产品运营能力、资源整合能力和动态能力。

(3)阶段三的驱动因素

外部驱动:首先是政府驱动。国家将新能源作为重点产业大力发展,相继出台了太阳能光电建筑应用财政资金补助办法,对煤电的发展展现出不支持,甚至遏制的态度。其次是供应商驱动。煤炭是煤电成本的重要组成,"市场煤"与"计划电"这一矛盾体是牵制煤电发展的重要原因。

不仅如此,煤炭价格受到进口煤的影响,价格很不稳定。

内部驱动:这不仅需要长期的能源资源储备,还需要周边丰富的太阳能、风能和生物质资源存量。

3.华电灵武的绿色企业建设模式

(1)以企业绿色发展战略为导向

由于华电灵武具有较雄厚的实力,同时早已兼备可持续发展视野,所以在面对内外环境变化时,能积极主动寻求绿色企业建设,依托煤电主业打造绿色生产链,扩展升级原有的产业链,布局新能源,面向产品多元化发展,建设绿色企业。不管企业的内外部环境如何改变,华电灵武始终从战略层面上寻求绿色发展的可能。从战术层面上不断革新,例如,产业链的升级、新兴产业的布局等,这一系列手段都与绿色发展十分相关。为了强化绿色发展意识,煤电企业内部需要进行绿色文化宣传以及员工培训,在价值观层面上深化全面绿色发展理念,将绿色发展战略固化在企业文化和规章制度中。对于传统煤电企业来说,必须以绿色发展战略为导向,以企业内外部环境大情况以及企业自身小情况为基础,合理制定企业战略,进而使全体员工明确企业进行绿色化建设的决心与方向。

(2)以煤电生产全过程为对象

对于煤电企业而言,绿色发展需要贯穿其生产经营的全过程,以发电、供电各阶段的节能降耗为目标,综合运用系统理念并整合各环节对资源的利用能力,以提高生产能效,激发绿色生产潜力。华电灵武对煤电生产过程中的人、机器以及系统主动进行绿色变革,在管理和技术层面不断进行绿色创新,有效落实绿色战略。从发电侧来看,企业选择能耗低、效率高的机组设施。通过燃烧系统结构的技术改造创新,煤粉燃烧率极大增强,同时风能、太阳能等的发电能力得以发挥。从供电侧来看,需要对排气口的烟气进行脱硝、除尘、脱硫处理。在输出电力的同时,对高温气体和精细煤灰再次利用。不仅如此,生产过程中产生的工业废水和生活污水需要经再次处理后利用,实现废水的零排放。在企业内部,对生产全过程的各部门员工进行相关培训,使其节能降耗意识与技能得以提升;设计并开发全生产链条上的智能化操作系统,对关乎节能降耗的各项指标进行实时监测与调整。基于煤电企业生产全过程的绿色发展,就是在全生产链条上进行绿色变革,实现绿色发电、绿色供电、节能减排、可持续发展。

(3)以煤电产业链延伸和升级为重点

煤电企业产业链的延伸和升级不仅取决于自身的核心竞争力,还与企业的区位优势、行业的政策环境等因素息息相关。对于华电灵武而言,其产业链延伸的方式主要为控股煤矿等能源企业,或者提供供暖、废渣的回收利用等服务,其产业链升级的方式主要有工艺升级和产业升级。向产业链上游延伸时,华电灵武选择参股煤矿企业,以获取更加优质的煤,从而提高机组的工作效率;也积极布局相关新能源行业,例如风能、太阳能等的开发利用。向产业链下游延伸时,华电灵武向社区提供供暖服务;参与建材厂、化工厂等企业的投资建设,高效利用废渣。在产业链升级时,华电灵武注重技术的创新,不断提高设备水平,优化煤粉加工程度,进而降低发电过程中所产生的能源耗损;也可以通过开拓新业务进行一定程度的产业升级。例如,进行电力装备的制造与研发时,华电灵武为大企业进行定制化电网服务等相关产业发展。总体而言,煤电企业不论是进行产业链的延伸或是升级,都存在一定的风险。风险与收益往往相互依存,企业需要在综合衡量自身情况与行业环境后做出选择。

资料来源:中国管理案例共享中心

第**6**章 绿色教育与个体实践

绿色教育有着十分广泛的受众群体。当绿色教育真正根植于每一个个体的内心深处时,就会在其潜意识中形成绿色伦理,进而通过绿色伦理的积极引领作用,绿色教育的实践行动导向则会进一步迈向绿色消费。

6.1 绿色教育的受众范围

如前所述,绿色教育的受众范围不仅仅局限于学校,也在向企业、政府等多个领域不断扩张。首先,对于各级党政机关领导干部以及工作人员来说,是否接受绿色教育与其能否真正地把握绿色发展的方向非常相关。只有这一群体切实了解绿色教育、绿色发展之要义,才有可能带领相关部门和地方政府走绿色发展之路。曾几何时,我国的很多部门和地方的许多干部,都以 GDP 论英雄,将经济的增长作为工作的主要目标。可谓是"只顾金山银山,不管绿水青山"。然而,近些年来,党和国家领导人多次在重要会议上反复强调绿色发展、生态文明建设的重要性,这些呼吁发挥了重要作用。大家纷纷树立起"绿水青山就是金山银山"的发展理念。目前,各地区加强生态保护与绿色发展的新趋势不断呈现,这使我们坚定地相信,必须继续加强对肩负国家和地方领导责任的各级干部的绿色教育。

　　除了党政机关内的领导干部和工作人员需要接受绿色教育,对于从事生产领域的领导干部、企业家和相关基层工作人员来说,绿色教育一刻也不能丢。工业与农业生产是人类活动强度最高的地方。它们都在消耗资源和能源并且产生和排放污染,以直接或间接的方式影响着生态环境。过去,一些企业家存在某些不当的观点,认为相关部门整治污染的执法成本高,而自身排放污染的违法成本却低,于是便暗中排污,为自身的利益不顾法律规定,而去损害国家和社会的利益。对待这样的企业必须要严加惩治。然而,如果这些人事先就接受了绿色教育并了解绿色生产带来的益处,或许有可能更早地阻止企业不按规定排污的不当行为。比如,京津冀地区的雾霾十分严重。产生雾霾的主要原因之一就是煤炭资源的大量使用以及燃煤设施的粗放落后。针对这种情况,比较理想的处理方式是开发和采用清洁燃煤技术和设备,以达到节能降耗的目的,减少使用煤炭,进而减少雾霾天气产生的严重影响。很多群体都要关心这件事并为之付出努力,这包括主管各类工业的有关部门领导,直接负责煤炉、能源热源生产和使用的工程师、工人、科研人员,以及所有使用煤炭能源的群众。若要解决这一问题,必须加强绿色教育。再比如,作为国民经济和人民生活的基础,农业污染(尤其是各种水体的富营养化污染)的主要来源是化肥和农药的使用。同时,在农村生活中,会产生大量的人畜粪便和秸秆等废弃物,这些废弃物大多属于严重的有机污染。如果不对其仔细地加以处理,则会对水和大气造成负面影响。然而,如果这些废弃物可以得到合理处置,它们也可以变废为宝,成为能源或肥源。因而,所有在生产领域工作的人,包括领导、企业家、农民、工程师等群体,也都需要接受绿色教育。

　　不仅如此,一个规模最大的群体亟须绿色教育的输入,那便是广泛存在的消费者。可以说,不管性别、年龄,抑或工作性质和地位如何,每个人都是消费者,都需要开展衣、食、住、行等各类消费活动。而这些活动均直接关系到资源消耗、污染排放等事宜,与绿色发展有很大的关系。从实际角度看,绿色发展包含绿色生产和消费两个环节。绿色消费将促进绿色发展并影响、决定绿色发展的速度与质量。必须反对大吃大喝、挥霍浪费、奢侈无度等不良习惯。另外,普通人在日常生活中的浪费可能看起来无伤大雅,但是日积月累起来对资源的浪费和环境的破坏绝对不容忽视。

因此,绿色教育的受众是全员的,需要所有人共同倡导文明、节约、绿色等消费理念,推动形成与我国国情相适应的绿色生产生活方式与消费模式。我国幅员辽阔、资源丰富、人口众多,这些都是优势。然而,进一步分析表明,由于人口数量较多,我国的人均土地占有量和人均资源占有量都远小于世界人均占有量。这都是我们必须面对的挑战,也促使我们必须要比其他国家更加重视资源节约。这就要求我们从每个人开始,从每一件小事开始。努力消除资源浪费、生态破坏等行为,让生活在祖国每个角落的每一个人都为之努力。

6.2 绿色教育的理念内涵:绿色伦理

通过绿色教育的慢慢滋润,社会大众的主体都将会形成绿色伦理意识。绿色伦理意识是对传统伦理观念的更新,更能够应对现代社会所面临的种种难题。而也正是因为绿色伦理意识的不断蔓延,为绿色教育的深度发展提供了沃土。

6.2.1 绿色伦理的起源

可持续发展引起关注的转折点是 1987 年世界环境与发展委员会发表的报告《我们共同的未来》,该报告指出,可持续发展可被定义为在不危害满足后代人需求的情况下,设法满足当代人的需要与愿望的发展。为实现守住绿水青山、握住金山银山的愿景,绿色发展理念逐渐得到了学术界的关注与认可。虽然可持续发展已经被世界各国接受,但由于缺乏有效的国际合作机制,并没有形成足以扭转传统发展模式的全球行动,因此难以从理论转化为实践。作为新一代的可持续发展观,绿色发展逐渐成为新共识。绿色发展强调经济增长要摆脱对资源利用和环境破坏的过度依赖,通过创造新的绿色产品、绿色技术、改变消费和环境行为来达到促进经济增长的目的。这意味着自然系统、经济系统以及社会系统的深刻变革,关注以绿色永续为核心的自然发展机制,追求以绿色增长为核心的经济发展模式,强调以绿色公平为核心的社会发展理念。简言之,作为新一代可持续发展观,绿色发展理念关注人与自然能够和谐共生,强调经济、社会、自然三大系统的整体性与协调性。

2008年全球金融危机后,绿色经济、绿色增长的概念受到越来越多的关注。2012年,联合国可持续发展大会认定了绿色经济的积极作用,并提出在改革经济发展范式的基础上推进绿色增长的新观点。绿色经济的本质是经济的可持续发展与生态经济的协调发展。"绿色增长"一词最早出现在Colby的一项研究中,是在可持续发展的前提下,利用自然资源发展经济的一种战略,注重减排与经济的互动,同时强调经济的可持续发展。2018年,周晶淼等提出,绿色增长是一种新兴的增长方式,强调"在追求经济增长和发展的同时,自然资源和生态环境的可持续利用"。

综上可知,绿色发展理念是可持续发展理念的进阶产物,后者更关注如何满足当代人与后代人的需要,而前者则强调了经济、社会与自然三大系统的共生关系。此外,绿色经济是绿色发展的起点,发展绿色经济是实现绿色发展的路径之一,促进绿色发展是实现绿色增长的重要途径。作为实现生态文明、促进可持续发展的重要手段,绿色发展在实践中重新建立了人与自然的关系,进一步推动了绿色伦理的创生。

6.2.2 绿色伦理的概念

无论从人类社会发展模式演变还是伦理学发展脉络的角度看,绿色伦理的产生都有着丰富的理论积淀,并非臆想而成。为获得更好的生活,人类不断地创造新思想、开发新事物以适应瞬息万变的历史环境。但由于人类对客观发展规律的忽视,人与自然之间的矛盾冲突日益明显,由此产生的问题对人类生存、社会发展造成不可估量的影响。以可持续发展为基础的绿色发展理念开启了人与自然共生发展的绿色文明。与工业文明相比,绿色文明更为关注发展的伦理价值,以及经济、社会和环境的协调发展。绿色发展是绿色文明视角下滋生出来的新型发展理念,不仅继承了生态主义思想,还根植于中华民族"天人合一""道法自然"等思想。如果说可持续发展理念关注如何满足当代人与后代人的需要,绿色发展理念则强调了经济、社会与自然三大系统的共生关系及可持续发展的可行性。

此外,对应人类社会的不同发展模式,伦理学理论也在不断发展。伦理是指达成应然社会关系的道德标准和行为规范。无论是呼吁人类以其敬畏、信仰、审美等超感性能力与自然建立超感性关系的自然伦理思想,还是从理论和实践两个方面促进生态文明的生态伦理思想,抑或是从更广范畴分析、探讨目前所面临的社会经济活动中伦理缺失问题的商业伦理思想,均已无法有效解决人类社会高速发展而带来的复杂问题。新时代情境下所面临的全新问题迫切需要一种新的伦理观来解决,迈向绿色文明、走进绿色发展,亟须从伦理道德的层面进行变革与升华。在以绿色文明为基调的大背景之下,这一全新的伦理观便是绿色伦理。

绿色伦理关注环境、经济和社会的共生性,也由此决定了三大系统之间的彼此制约关系。自然系统指环境与资源的复合系统,是和谐社会发展的载体和经济增长的前提。社会系统指社会发展与文化教育的复合系统,涉及当代人与后代人的共同福利。经济系统指经济活动的集合体,为发展提供经济供求动力。在自然、经济与社会三大系统的积极互动中,各系统相互关联、彼此作用。具体而言,从经济的和自然的正向互动来看,自然系统为经济系统的稳定运行提供物质性基础;经济的可持续发展也将有利于提升对自然系统的投入能力,进而维持自然资源禀赋的相对稳定。从经济和社会的正向互动来看,经济活动是在一定制度的约束下进行的。一般而言,若社会制度更为健全,资源的管理和使用也是更加有效和理性的,即使用基于管理,管理完善使用;而可持续的经济活动又将有利于社会公共服务水平的提升,促进社会和谐,从而使得更多的社会性资源被投入经济活动。从自然和社会的正向互动来看,通过协调治理、创新和改变行为等方式,社会各方可以探索一种更具可持续性和社会凝聚力的系统,从而减轻对自然系统的压力;自然系统的提升会使人类的居住环境得以改善。总之,在绿色伦理观的指导下,自然、社会与经济三大系统彼此驱动、作用反馈,将共同促进绿色发展。然而,上述所言皆是各个系统间的良性互动。一旦某一系统出现问题,必将对其他两个系统产生影响。

正如 Fennell 所言,绿色伦理是绿色文明视野下自然伦理、生态伦理、社会伦理和商业伦理等多种伦理形态的结合,既关注伦理的应然性,又强调经济、自然、社会三大系统之间的互惠共生所带来的实然效果。基于绿色伦理的概念体系及上述分析,我们将绿色伦理界定为:贯穿人类生产与生活全过程,从而实现经济、社会和自然系统互惠共生和可持续发展的行为规范与价值体系。其中,经济、社会与自然三个系统互相影响、制约。只有从整体的角度出发,才能真正地体现出绿色伦理的深刻含义,促进绿色伦理观念的落地。绿色伦理的独特之处在于自然、社会与经济三大系统的互惠共生与彼此制约,突破了以单一视角(诸如功利主义或道义论)对人类行为进行探讨的限制性。

6.2.3　绿色伦理的实践领域

1.企业维度

随着"绿色"理念的不断传播,许多企业在经营管理中都已进行绿色实践。这在一定程度上源于越来越多的消费者在做出购买决定时都会考虑企业的环保表现。不仅如此,政府的监管与社会的期望等其他因素也迫使企业参与到绿色实践之中。在研究企业绿色革命之时,龙静云等人指出绿色伦理是企业绿色文化的核心,其对企业长久发展有正向的促进作用。但是,目前相当一部分企业还没有意识到绿色伦理对于企业发展的重要性,生产经营活动无法对各方利益相关者的诉求进行平衡且对生态环境和社会福利等方面的关注不足。面对这样的情况,企业必须要明确绿色伦理观的树立对企业滋生经营发展的重要性与必要性。依据绿色伦理的内涵,本书对企业绿色伦理做出了如下定义:贯穿企业生产与经营全过程,从而实现经济、社会和自然系统互惠共生和可持续发展的行为规范与价值体系。

企业绿色伦理体现在如何满足各方利益相关者的需求。关于绿色伦理的概念,可能会有人将其与企业社会责任和绿色发展相混淆。一方面,企业绿色伦理与企业社会责任是互相依存、互相完善、互相促进的关系。关于企业社会责任的讨论,无论是从层级责任模式还是从相交圆的模式看,都囊括了经济责任、法律责任、关怀责任和伦理责任四个部分。当企业开始履行伦理和道德关爱责任时,企业的绿色伦理水平才有可能显著提升。与之相对应,也正是因为绿色伦理的存在和有效推动,企业在承担社会责任时才会有着更高的积极性。另一方面,企业社会责任可以从企业存在的目的来解释。依据传统的经济学理论来看,企业一般把经济利润最大化作为企业经营的主要目标,只注重眼前利益,却忽视长远的发展。当企业发现这种发展模式带来的利润非常有限时,就开始从利益相关者的角度进行全盘考虑,将企业社会责任作为一种成本投入,试图承担责任,最终获得收益。与企业社会责任概念不同,企业绿色伦理是指导企业生产经营的道德规范和行为准则。绿色伦理的关键之处在于共生,即企业要在生产经营的全流程实现绿色发展,而非先关注经济利益的获取再关注其他环境和生态方面的发展模式。企业绿色伦理与企业社会责任一同作用于企业,最终达到绿色永续、绿色增长、绿色公平的理想状态,共同推动绿色发展的实现。

2.城市维度

城市中的"绿色"体现了自然、社会和经济三大系统的交互与协同,将人的绿色思想教育和绿色体验作为重要的价值追求,强调居民思想中的环保意识,强调居民的获得感和游客的满意度。基于以上分析提出的绿色伦理内涵,城市的绿色伦理可以定义为在城市中贯穿城市生产经营活动的全过程,实现城市经济、社会和生态系统互利共生和可持续发展的行为规范与道德准则。绿色伦理在城市管理和建设中的指导意义体现为:在感官体验以绿色为主色调(生态环境的绿色);各个产业发展良好且实现较高程度绿色化(经济的绿色);能够保持当地传统文化传承并提升当地居民生活幸福感(社会环境的绿色)。以绿色伦理为指导的城市管理思想强调城市中生态、经济、人文的和谐统一;注重的是城市的可持续发展,将其和当地居民的感受和体验放在同样的价值水平进行考虑;以弱人类中心论为出发点,将人类活动作为自然生态循环中的一环来指导发展。城市绿色伦理是对绿色伦理三大共生系统维度的细化,自然系统中强调城市的生态环境和污染情况,经济系统强调的是低碳经济,社会系统强调的是居民在活动中的获得感和游客的满意度。由于城市天然的人文属性,在研究其绿色伦理水平时需要注重研究其社会系统与自然和经济的平衡。

3.个体维度

在"利他"层面上,绿色伦理呼吁个体承担起对所在地的经济、社会文化、环境责任;在"利己"层面,绿色伦理更是引导个体探寻本质的内在驱动和价值规范。因此,个体的绿色伦理行为不仅为利益相关者的绿色发展实现助力,还成为个体践行责任、享受体验的行为引导范例。具体而言,个体的绿色伦理行为指那些能够促进所在地经济增长、尊重当地文化、保护环境的行为,并强调在实施上述行为的基础上,同时满足个体更深层次的诸如审美等体验需求。个体的种种"利他"行为无疑为所在地区的绿色发展创造更为适宜、理想的环境,同时,这样的环境也使其自身的深层次生活体验得到满足的需求成为现实。个体的"利他"行为与"利己"行为相互作用,互惠共生,共同促使个体绿色伦理行为的产生和延续。

6.3　绿色教育的实践导向：绿色消费

作为新时代消费发展模式的大趋势，绿色消费是对传统消费模式的摒弃。引导人们注重可持续发展是我国新消费模式升级背景下的重要表现，消费绿色化已成为新时代经济高质量发展的必然选择。绿色消费的研究可以追溯到 20 世纪 70 年代。当时，人们认识到工业文明带来的不仅是生活水平的提高，还伴随着高污染、高能耗等一系列严重的环境问题。绿色消费作为对传统消费模式的一种变革，已经得到了社会大众的认可与倡导。1987 年 John 首次较为系统地阐述了绿色消费的概念，可以简单归纳为消费的产品是无污染、不会浪费资源且对人的安全和国家发展无害的。随着人们对绿色消费研究的不断深入，绿色消费的内涵也越来越完善，成为一种环境友好型消费。在可持续发展的框架下，人们在满足自身需要和保护环境之间保持着动态平衡，进而实现人与自然的和谐共处。

随着我国消费结构不断升级转型，各种引领人们美好生活的新消费则带领着新需求的产生。绿色消费所占的比重越来越大，学界和实践领域对绿色消费的研究也越来越深入。现如今，普遍认可的绿色消费是一种以绿色发展理念为主导的新型消费方式，体现了经济增长与生态环境的和谐共生关系。绿色消费鼓励消费者购买更安全、更清洁的产品或服务，进行资源节约型、环境友好型的消费。它强调既要保证经济增长的数量与质量要求，也要保证不能以威胁后代的生存发展为代价。总之，绿色消费是满足人民美好生活的消费和环境改善的必然要求。

6.3.1　绿色消费的特征

以绿色、生态、和谐、健康为宗旨，绿色消费是有助于人类健康和生态环境保护的消费模式。具体来说，绿色消费具有以下特征：

1.健康、安全性

绿色产品是在节约资源、不破坏生态环境的基础上生产出来的。绿色产品对人有一定的安全属性,能够达到人类生理上所需的健康标准,从而满足人们在消费绿色产品过程中的安全需求。因此,绿色产品必须符合健康、安全的要求,才能有市场并被消费者所接受。这是绿色产品和绿色消费的最基本特征。

2.生产、消费适度性

在产品的生产过程中,企业要尽量减少对原材料以及能源的使用,做到节约能源、适度生产。对于消费者而言,在购买产品时也要关注消费的适度性,即在消费中满足自身需求的同时所购买的产品要达到节约资源和保护环境的要求。

3.公平性

消费的公平性是指代际与代内之间的公平消费。其中,从代际的公平性来看,绿色消费不仅要满足当代人发展和消费的需要,还要努力使子孙后代拥有与自己同样的发展机遇。当代人不能自私地追求自身发展而剥夺子孙后代平等发展的权利。在整体资源有限的前提下,若当代人不加节制使用资源,那后代则无资源可用,也就无法得到与当代人同样的资源使用机会。因而,绿色消费要从代际与代内两个维度来保证消费的公平性,以推动社会、经济以及环境的可持续发展。

4.可持续性

在消费过程中,消费的可持续是指消费者要关注资源的可承载能力并与之相适应,不能只关注一方面而忽视另一方面,才能实现人口、资源、环境的共生发展。当人们的物质与精神消费需求得到满足时,就会生成更高层次的消费满足,即绿色消费。绿色消费是一种有利于自身和社会发展的生态消费。人民生活水平逐步提高,消费承受能力也随之提升。

因此,要大力发展绿色消费,推进经济与社会健康绿色发展,进而使人们切实地体会到实行绿色消费所带来的益处。

6.3.2　绿色消费的意义

作为一种全新的生活方式与消费方式,绿色消费不仅仅富含理论价值,更包含着丰富的实践意义,对社会的影响非常大。绿色消费不但对人类的生存和健康有利,而且有利于社会的可持续发展。

1.全面满足人类生存与健康的需要

人们的消费需要包括三个方面,即物质、精神与生态需要。其中,生态需要不但是基本的生存需求,也是非常重要的享受和发展需求。通过绿色消费,人们的物质文化需要以及生态需要都能够得以满足。当生态需要得到满足,这便是人与自然和谐发展的象征,反映了人的本质要求。绿色消费将有利于消费从数量增长到质量改善的变化,促进消费水平的提升、消费质量的提高以及消费结构的合理化。

2.弘扬消费文明,提高生态文明

在党的十七大报告中,首次明确地指出生态文明的建设目标。物质文明是人类在社会发展进程中利用自然、改变自然的物质性结果,具体表现在物质生产的丰富与人们物质生活的改善。生态文明是人类在物质文明发展过程中保护与改善生态环境的结果,体现在人与自然和谐关系的建立与人们内心生态文明观的树立。简言之,强调生态文明建设与发展绿色消费都具有十分重要的现实意义。

3.经济增长方式的转变

长期以来,我国经济发展呈现出高投入、高消耗、低效率的特点。资源的大量投入与消耗导致了生态环境的恶化,并开始危及子孙后代的生存条件。显然,传统的经济增长模式与绿色消费并不相适应。对绿色消费而言,生产者和消费者都需要深度参与其中。二者都要高度重视环境保护、资源节约和可持续发展,争取做到少污染、少浪费,甚至是无污染、零浪费。若想实现这些要求,转变经济增长方式势在必行,即走可持续发展之路不容置疑。

4.实现人的自由和全面发展

作为人们价值观和生活方式的根本改变,绿色消费不仅可以满足人们的生理需求,改善人们的体质,而且可以满足人们的心理需求,改善人们的身心健康,满足人们的发展需要,进而促进精神文明建设。精神文明建设是社会主义现代化建设的关键组成部分之一,包括思想道德和教育科学文化建设两个部分。在 2001 年中共中央印发的《公民道德建设实施纲要》中指出,人们以集体主义、爱国主义与社会主义为基础价值导向,从社会公德、职业道德和家庭美德出发,引导人们树立建设有中国特色的社会主义共同理想和正确的世界观、人生观和价值观。其中,环境的保护就是社会公德中的重要方面之一。绿色消费是人们保护环境、热爱自然的理性选择。与此同时,绿色消费还要求人们对自然与环境树立起深厚的责任感和意识,推动人们更积极主动地实践绿色消费模式。二者是协调并进、共同发展的关系。因而,绿色消费能够促进人们思想道德和科学文化素质的提升,有利于思想境界的全面提升,进而促进人们实现自由而全面的发展。

5.建立和谐、文明的社会关系

绿色消费具有经济性、健康性、安全性、公平性和可持续性等特点,倡导人与自然共同发展的和谐理念。在这样的氛围中,人们会变得更加平和。物质文明、精神文明和生态文明也会更好地结合起来,人们的需求自然会得到更高程度的满足。因而可以说,绿色消费对和谐、文明的社会关系的建立大有裨益。

6.3.3　助推绿色消费行为的有效途径

1.政府层面

(1)完善相关法律法规,建立健全绿色发展制度和绿色认证体系

绿色发展是一项全民参与的社会工程,政府需要进一步完善相关法律法规并出台一系列绿色发展制度来规范管理社会和居民的绿色消费行为,明确各主体的责任义务。另外,政府亟须加快制定绿色产品生产的标准技术体系,规范绿色产品生产的环境标准,提高认证行业准入门槛。通过加强政府对行业和企业的监管,良好的公众监督机制有可能得以建立,进而有利于严厉打击虚假认证行为。

(2)扶持绿色产业,培育龙头企业

绿色消费、低碳生活已成为生态文明建设时期的大趋势。引导绿色消费需要政府扶持绿色产业,培育绿色龙头企业。首先,政府要继续加大激励节能减排的环保产业,给予更大力度的财政补贴,确定重点扶持的企业,带动环保产业规范发展,对生产绿色产品的企业在绿色产品研发和生产方面提供资金、技术等方面的支持;其次,政府扶持这些企业营造健全的市场营销网络,对购买绿色企业所生产产品的消费者进行一定的补贴,引导消费者积极参与到绿色消费之中。最后,对高耗能、高污染的企业加大处罚力度,建立失信企业名单并定期向社会大众公布,确保信息透明。

(3)发挥杠杆作用,进行适当的宏观调控

一项研究曾发现,市场上绿色产品的价格通常高于普通产品的价格。例如,某超市一瓶有机酱油的价格是普通酱油价格的 2 倍还多,这让一些中低收入消费者望而却步。也有相关部门做过调查,结果显示,我国绿色产品比普通商品价格高出约 30%,受调查的 60% 的消费者支付意愿非常低,不到 10%,可见绿色产品价格过高是制约绿色消费的一个重要因素。这就需要政府介入市场,发挥杠杆作用,针对市场需求进行适当调控。通

过资金投入、技术扶持等一系列手段降低绿色产品的生产成本,进而将绿色产品的价格调整到普通消费者能接受的价格区间。同时,政府对那些高污染、高排放、高耗能的企业也要颁布相关强制性或惩罚性的法律法规,比如提高绿色税来促使它们实现产业结构调整和产业转型,同时把税收用于补贴绿色产品的生产者,形成有效的约束和激励机制,双管齐下,实现产业绿色发展理念。

(4)加强宣传教育,引导人们树立消费理念

当前,尽管我国消费者的绿色消费意识有所提升,但在实际生活中的不环保消费行为模式依然十分普遍。因此,政府需要大力进行绿色教育,普及绿色消费知识。通过适当的公益广告、新闻报道、宣传教育等信息传播方式激发消费者对绿色消费的认知,通过公益讲座、摄影展览、竞赛问答、榜样标识等形式引导人们自觉践行绿色消费。与此同时,政府还可以运用积分等激励方法引导消费者绿色消费,比如对购买环保产品、绿色出行、节约用水用电的消费者进行绿色积分累计,根据积分给予不同的奖励,从而让消费者不断树立绿色消费理念。

2.企业层面

(1)探索创新绿色商业模式,构建绿色价值链

创新绿色商业模式,推动整个产业链条的绿色化,是实现绿色价值增值的重要方式。将低碳、绿色的理念融入价值链建构,从采购、生产、运输、销售、服务等各环节出发,全面推进绿色创新活动。与此同时,还要更新绿色管理思想,开展内部各项职能工作,包括绿色设计与开发、绿色人力资源管理、绿色财务计划、绿色战略等。从价值链的基础活动到支持活动,全过程打造绿色理念,提高绿色价值增值能力。

(2)重视提升绿色生产的创新能力

生产的目标是消费。对于企业而言,要将消费者的绿色消费需求作为生产经营活动的起始点,根据消费需求,开展绿色创新项目,提升生产技术,改革生产模式,从而做到降低生产成本、提高生产效率、增加有效供

给。具体可行途径包括：大力研究与开发新型产品，寻找可替代的绿色原材料，减少使用高能耗、高污染的原材料，尽量做到生产全过程零污染或者低污染的状态；对包装、运输以及副产品的处置处理、污水的排放等做出严格的要求；选择使用清洁能源，提高生产效率，减少排放量，树立良好的社会责任感。

（3）打造高质量绿色产品，开展绿色营销

首先，企业要树立绿色营销理念。在绿色创新技术的支持下，打造高质量优质产品，抓好绿色品牌建设，创建绿色品牌，实施绿色营销策略。在产品策略方面，产品形象首先要突出绿色特征。其次，品牌名、品牌标志、商标等各方面都要体现绿色企业文化的内涵，销售包装的样式要新颖，色彩要与绿色搭配，文字说明部分要突出绿色产品的关键性信息，给消费者起到提示作用。包装材料的选择上，要选用环保原料，考虑可降解性和再利用性，提高包装物的回收率。在定价策略方面，利用人们求新、求异、崇尚环保自然的心理来定价，在考虑成本的基础上，不能比普通商品溢价过高，塑造绿色产品质优价廉的形象。在渠道策略方面，企业可以利用线上线下相结合的方式。一方面，积极培育绿色产品的经销商和代理商，建立自营店和连锁店；另一方面，企业借助互联网，通过电商平台、网络直播、抖音、微博、微信等形式进行绿色产品的直销。例如，通过视频直播的形式向消费者介绍产品的绿色生产基地、加工过程，让消费者对绿色产品的生产过程产生信任感；在促销策略方面，企业可以通过绿色广告、公益讲座、免费品尝、进店体验等活动提高知名度，树立绿色形象；在宣传方面，可以定期在社区举办绿色消费专题讲座、开展摄影展览，以展示优秀绿色消费画面作品；在表演形式方面，可以采用舞蹈表演形式，围绕绿色环保主题组织社区舞蹈比赛，扩大环保艺术表演的影响力，让更多的消费者了解绿色产品，参与环保活动，提倡绿色消费。在引导消费者进行绿色消费的同时，企业还要以身作则，塑造榜样，可以开展绿色产品的以旧换新等活动，绿色产品线下体验店，让消费者在享受经济优惠的同时，增加绿色消费的切实体验，增加消费者的体验感、参与感。只有切身体会到了绿色产品的优点,消费者才能对绿色产品产生信任感,进一步培育忠诚度。

3.消费者自身层面

目前我国还有很多消费者存在绿色消费意识不强、绿色消费行为言行不一、绿色购买参与度不高等现象。政府和企业可通过榜样塑造、形象标杆等各种形式外在激发消费者参与环保行动和绿色消费,但只有消费者自己真心认同绿色消费行为是有益的,他们才会行动起来,改变自身的消费行为模式。因此,消费者要充分认识到自身绿色消费对美丽生态环境和生态文明建设的意义。

消费者应积极参与绿色实践,从日常生活做起,比如节约水、电、气,积极参与垃圾分类,减少使用塑料制品,参与光盘行动,搭乘公共交通工具实现绿色出行等。另外,还应主动学习绿色环保知识,参与环保活动,了解绿色产品的功效,激发自身的绿色消费意识,增强自身绿色发展的责任感,从而促进自身的绿色消费行为。同时,还要带动身边的人一起参与绿色行动,实现绿色消费的大范围覆盖,营造良好的社会氛围。

6.4　实践案例

6.4.1　案例介绍:哈啰出行助力全国绿色出行

共享经济无疑是新时代最火的话题之一。"我的就是你的","我的是拥有权,你的是使用权"。单车以其无污染、占用空间小、经济、方便等特点,成为绿色出行的首选方式之一。借着共享经济的东风,五颜六色的共享单车如雨后春笋般涌现于街头巷尾。共享单车不仅方便了人们的出行,灵活地打通了交通基础设施的"最后一公里",还有效地实现了资源的合理配置和利用。找车、扫码、开锁,共享单车已成为市民上下班的主要交通工具。《中共中央 国务院关于完善促进消费体制机制 进一步激发居民消费潜力的若干意见》中明确指出,坚持绿色发展,培育健康合理的消费文化。要提高全社会的绿色消费意识,鼓励适度、绿色、文明、健康的现代生活与消费方式,避免奢侈浪费和不合理消费,以达到推动可持续消费的目的。

哈啰出行是一家专业的移动出行平台,致力于为用户提供方便、高效、舒适的出行工具和服务。自 2016 年 9 月成立以来,哈啰出行凭借差异化策略的实施、智能技术驱动的运营、优秀的成本控制能力和极致的用户体验,在共享单车市场的激烈竞争中脱颖而出。哈啰出行已进化为包括哈啰单车、哈啰助力车、哈啰电动车和小哈换电等综合业务的专业移动出行平台。哈啰出行秉持"科技推动出行进化"的使命,坚持"绿色低碳、轻松出行"的服务理念,为广大用户提供覆盖短、中、长距离多种方式的出行服务,努力缓解城市交通压力,助力智慧交通及智慧城市的建设。专注于共享出行领域的实践深耕,哈啰出行已形成一整套行业领先的、应用于海量互联共享出行设备的智慧系统——哈啰大脑,实现哈啰出行全业务生态的智能决策。基于大数据、人工智能、云计算等实现业务全链路运营决策智能化,以达到运力在时间、空间与需求上的最优匹配,进而为用户提供更高效、更优质的出行体验,助力提升整体交通出行效率。截至 2020 年 10 月,哈啰出行旗下的哈啰单车已入驻全国 460 多个城市,用户累计骑行 240 亿公里,累计减少碳排放量 280 万吨;哈啰助力车已进入全国 400 多个城市;哈啰顺风车已进入全国超 300 个城市。另外,目前哈啰出行累计注册用户已突破 4 亿。哈啰单车秉承"行好每一程"的品牌理念,以技术创新赋能智能终端,推动运维高效执行与自营管理体系相结合,展现出"一加一大于二"的合力效果。依托搭载的定位芯片的智能锁,辅以后台智能规划调度、运维人员智能端口的精细化运营。

一边是"低碳出行""便民"的赞美之词,一边是"乱停乱放""缺乏管理"的质疑之声,共享单车究竟是解决市民出行的"最后一公里",还是给城市管理、市民日常生活带来麻烦?从街头见闻到新闻报道中,我们不难看到,共享单车到了少数人手里,随意肆虐、破坏、占为己有,异化成为"你的就是我的"利己行为。除了违规停放车辆外,用户恶意滥用、损毁甚至盗窃单车的行为时有发生,如单车被涂改二维码、车身贴广告、停放在小区或家中,甚至私自加锁等不文明现象时有发生。在各个城市,共享单车随意停放现象明显:有的横在人行道上,妨碍行人走路;有的无序摆放,让本来就狭窄的非机动车停车区域更显紧张;有的直接停在出入口台阶下,挡住进站通道;有人甚至将车塞进绿化带里,锁在栏杆上,靠在大树边。

共享单车之所以停不好,原因有以下几个方面。第一,城市规划设计不合理,慢行交通系统不完备。现在许多大中城市追求出行效率,扩宽机动车道,建设城市快车道,推广快速公交系统,相对忽视了自行车出行的慢行配套设施。短期激增的共享单车与相对落后的城市慢行交通系统之间形成矛盾,出现了单车与行人、机动车争抢路权的情况,既削弱了共享单车的便捷性,又增加了出行的危险性。第二,单车公司管理粗放。不考虑各地情况,对某一辖区共享单车的需求程度没有进行调查研究,采用一刀切的方式,过量投放,供过于求,加剧了停车乱象。第三,个别租车者素质不高,只顾骑、不顾停,不愿意花时间认真摆放单车。

从产权理论来看,每一辆共享单车的产权虽然明晰,但由于共享单车私有性与公有性共存,导致尽管收取让渡使用权后的费用,仍然没有使用者愿意对共享单车主动维护,直接导致大量共享单车使用寿命大大缩短,恶意破坏共享单车的情况屡见不鲜,造成共享单车企业财产和收入流失严重。

6.4.2　案例分析

共享单车非常便民,如果缺乏管理,会不可避免出现乱停乱放,不文明用车、影响市容环境等问题,所以,绿色环保要从我做起,从点滴的小事做起,让共享单车这个利国利民的新产物走得更远,更好地引领绿色出行新风尚。

为配合城市管理部门对共享单车的有序管理,哈啰单车在全国多个城市采用网格化专员管理,在车辆投放的商超、学校、医院等用车量较大区域,这些网格化的热点均有指定的专员维护,引导用户规范停车,并在早、晚高峰期间整理规范车辆停放。目前,哈啰单车已进驻国内百余个城市,为了有效、有序地管理车辆运营和停放,结合科技手段,各地均采用了不少先进的管理方式,网格化管理就是其中一种,能有效地实现共享单车有秩序停放。此外,哈啰单车针对城市单车乱停乱放的现象,自主研发了基于物联网技术的新一代智能围栏技术,在 App 上增加电子围栏引导停车系统,并通过智能锁 GPS 定位系统有效监测车辆轨迹,做到定位追踪,实现单车和停车位之间的精准配合,解决共享单车乱停乱放的管理难题。哈罗单车的电子围栏技术已经在入驻的不少城市发挥有效的城市管理功能,受到各地政府的欢迎和青睐。针对单车停放的问题和管理难题,需要与交管、城管等部门积极沟通,争取能划定专门停车区或固定停车点,配合公司的远程智能操控技术手段,更加有序有效地实现哈啰单车停放管理。

一方面,对于共享单车的管理,政府不能"一退了之"。我们欣喜地看到,政府对共享单车以及类似的新模式采取了宽容、鼓励和扶持的态度。政府供给模式的逐渐退出,以及市场供给模式的持续进入很可能成为大城市公共自行车领域的基本趋势。但大城市公共自行车发展是一个系统工程,政府在该领域不可能也不应该"全退到底"或"一退了之"。即使共享单车未来占据了大城市公共自行车的主体位置,依然需要政府在其他领域"支撑",如交通运输行政部门负责行业监督管理;规划部门负责完善交通系统规划;城管部门负责停车秩序指导和监督管理等;交管部门负责登记上牌通行管理等。

另一方面,作为单车使用者的市民,也要自觉做文明骑行以及停放的示范者、传播者、监督者。爱护单车,不乱贴乱画、不恶意损坏、不将共享单车占为私有。遵守交通法规,坚决摒弃各种不良行为,不闯红灯、不逆行、不闯机动车道、不追逐打闹、不乱停放;要珍惜自己的文明骑行信用记录,积极宣传文明骑行、有序停放的重要意义,用自己的行为带动身边的人,把文明风尚传播到城市的每一个角落;提醒人们爱护公共设施,见到乱停放的共享单车自觉扶起并停放好,及时劝阻、制止破坏共享单车的不良行为,并大胆举报故意破坏行为。

总而言之,共享单车的流行只是绿色生活、低碳出行的缩影和趋势。节能减碳,不仅是一种认知,更是一种发展方式,需要我们所有人的齐心努力。要通过各种宣传教育,让每个市民树立节能减排的环保意识和低碳生活理念。在日常学习、生活和工作中,踊跃担当节能减排的宣传员、志愿者,以节能降耗为己任,自觉养成健康、文明、节俭、环保的良好习惯。同时,把低碳生活的目的和意义,传递给周边的每一个人,共同营造低碳环境,过低碳生活,做绿色公民。积沙成塔,集腋成裘,让绿色出行的"绵薄之力",汇聚出四通八达的快速便捷交通网络,凝聚文明城市、绿色中国的强劲力量。

资料来源:哈喽出行官网

第7章 绿色教育的未来

　　理论来源于实践,最终将回归实践,接受实践的检验,这是一条永恒的真理。针对人与教育的实际问题,绿色教育是在深化已有相关研究的基础上提出的。如果要将绿色教育应用到当前的教育实践中,不仅要验证理念的可行性,还要通过实施绿色教育在一定程度上缓解人性危机和教育危机,从而促进人与教育的健康可持续发展。在新时代,实施绿色教育不是教育系统内的单独使命。绿色教育的有效实施离不开其他因素的影响和制约。因此,我们不仅需要认清教育体系中各要素之间的关系,更需要把绿色教育放到整个社会大环境中去统筹考虑和推进,从而把握绿色教育在宏观环境中的实践价值、实践策略和现实意义。

7.1　绿色教育的价值取向

　　一般来说,教育的目的受所在社会大背景的制约。在不同的社会,由于生产力水平的差异,社会对教育活动的需求也不尽相同。然而,作为一种育人的活动,教育关注的是人的发展与人的需要。因此,教育目的的选择更重要的是要考虑人发展的实际需要以及具体需要。关于教育目的的讨论很多,但无论什么样的教育目的,都体现了一定的价值追求。这说明教育价值取向在教育活动中起着十分重要的作用。现代教育不仅承担着自我完善与改进的重大使命,也肩负着推动社会变革、培养人的全面发展的重要任务。也就是说,绿色教育不仅要做到转变观念,还要主抓实践。通过一系列的变革,绿色教育不仅有助于受教育者的全面发展,也推动了以社会和人的健康全面发展为核心的先进教育理念。这亦是现代教育发展的必经之路。

在以往的研究中,有关教育价值取向的探讨主要集中在"个人本位论"和"社会本位论"上,这两种讨论相对来说都是比较片面的。教育目的的实现应当在教育价值取向这一问题上合理协调个人与社会的二元关系,而非仅仅关注其中一个侧面。在人与社会协调发展过程中,我们之所以强调把人从社会的重压之中解放出来,是因为教育是通过人的发展来满足社会和人的需要。因此,在论述绿色教育的价值取向问题时,既要着眼于个人和社会这两个维度,还要关注目前教育中存在的现实问题。教育资源的不公平分配、教育领域的功利化与工具化色彩使教育在人的全面发展道路上逐渐偏颇。过分注重知识的灌输和结果导向的倾向,使教育本身受到"污染",缺乏对绿色教育目标的关注。绿色教育的价值取向便是针对这些具体问题而提出的,但并不满足于仅仅作为解决这些问题的工具或手段。绿色教育不仅具有工具性的价值,更重要的在于体现了教育活动的深层存在价值。结合绿色教育的理念和思维方式,本书将绿色教育的价值取向概括为幸福、民主和共享。这并不是几个字词的随机组合,它与绿色教育的理念和思路是相一致,正如绿色教育的概念没有被广泛认可的定义一样,它也需要不断地丰富与完善。

7.1.1　幸福价值取向

一直以来,幸福都是人类梦寐以求的理想,也是人生的最高追求。在伦理学中,幸福一般指的是满足人类生存和发展的某种需要和目的的心理体验。幸福与快乐的含义是有一定差异的。较之幸福在人类生存和发展中的重要作用,快乐只是简单意义上的对某些需要和目的的满足,程度相对较低。可以说,快乐并不等同于幸福,幸福是"我们能够拥有的最大快乐",有层次之分。根据自然、社会和精神的不同属性,每个属性得以发挥和满足的心理体验可以分为自然幸福、社会幸福和精神幸福。简言之,自然幸福是物质幸福,指人在生理上得到满足;社会幸福是人对社会需求的满足,如社会关系、归属感等;精神幸福可以是最高层次的幸福,是人在潜能发挥、自我实现等方面上的满足。按照这三个层次的幸福差异,我们可以在实施绿色教育的过程中更有针对性地进行安排,不断实现人的三个层次幸福的满足与统一,进而帮助人们更好地认识自己,并促进人的全面发展。教育的对象是人,因此,教育应该摒弃功利化、工具化的弊端,成为促进人的全面发展的教育,成为健康、和谐、可持续的教育,这才是幸福、民主、共享的教育理念。此外,绿色教育也是一种借助古往今来的优秀文明成果来改造人的主观世界的新理念教育,将人与自然、人与人、人与社会的共生与和谐作为最终目标,极大地助推我国社会主义精神文明建设。

但目前的教育系统依然存在一些问题。当前的教育更为注重学生的知识获取。在功利主义和工具理性的影响下,教育的目的是教会学生努力成为"上等人",把有钱、有地位当成是幸福的表现,却忽略了精神世界的培养与塑造。这样的幸福是一种低级的幸福。毫无疑问,这样的教育形式忽略了整个过程的多样性,自然也就忽略了学生在追求目标过程中的情感体验与切身经历。在受教育者看来,原本充满惊喜、冒险、迷茫、喜悦的教育过程,被异化为不得不准备的考试、评比与鉴定。绿色教育强调幸福的价值取向,不仅不断培养和提高学生的知识能力和生存能力,而且更加注重学生情感世界的构建和灵魂的开放,关注扩展学生个体发展的深度与广度。在一定程度上,过程本身就带有目的性的。因而,在教育的实施过程中,教育者不仅要关注受教育者的合理需求是否得到满足以及发展欲望是否得以实现,还要关注他们对学习过程的体验从而使其在整个过程中可以得到精神的滋养与幸福的体验。

7.1.2　民主价值取向

作为人类价值的普遍追求,民主是自由和平等的标志与象征,但它并不是绝对的。民主是一种具体的、现实的存在。在不同的国家,民主模式不尽相同。我国向来有高度重视民主的传统,封建时期的"以人为本""民贵君轻"等思想,到近代"民主"宣传都属于民主的一种存在模式,不过直到中华人民共和国成立,人民才成为国家的真正主人。在新时代,全面建成小康社会,实现第一个百年奋斗目标,又要乘势而上开启全面建设社会主义现代化国家新征程,向第二个百年奋斗目标进军,我们正走在实现中华民族伟大复兴的中国梦的宽广道路上。所有的中国人都有机会参与到国家和社会的建设之中,他们将以主人翁的姿态阐释社会主义民主的内涵。

同样,教育是全民族的事业。传统教育非常重视教师和教科书的权威。学校内的教育是以教科书和教师的教育为中心,在大部分情况下,学生只能走教师规划好的道路,处于被动的状态。此外,学校和教师使用统一的标准来评估和对待具有不同个性和强烈灵性的学生,从而形成千人一面的情况。这些都是教育不民主的表现。绿色教育的民主有两种形式,即教育的民主和民主的教育。教育的民主是指教育者和受教育者具有人格和尊严的平等性。二者都是教育活动的参与者与实行者,而非单向教育的传递者和接受者。与教育者处于居高临下的地位不同,在绿色教育中,教育者扮演着与受教育者共同探索知识的角色,与其共同成长发展,并可发挥特定的引导作用。反过来,民主的教育则体现了绿色教育的法治思维。教育不是教育者所独有的"权力",它也是受教育者的一项"权利"。受教育者和教育者之间的关系是相互的,他们有权参与具体的教育教学管理活动,实现与教育者的联合教育,受教育者在真正的教育实践过程中是民主平等的,从而使学生在真正的教育实践过程中感受到民主和平等的精神。社会主义生态现代化的实践表明,社会公平正义能够有效促进生产方式的绿色变革,社会的不公则是环境恶化的重要原因之一。

绿色发展的目标是实现经济发展与生态环境发展的和谐共生,此外还有消除地区经济发展的不均衡,消除两极分化,从而达到发展成果人人共享。但是,社会不公,特别是分配的不公平,必然会导致地区经济发展的不均衡,以及贫富差距的逐渐扩大。贫困地区不仅要消除贫困、富裕起来,还要做到保护环境。可见,绿色发展需要社会公平正义的保障,而绿色教育则是实现社会公平正义的重要手段。

在我国,某些深山区、高原和高寒地带以及沙漠地区所处位置偏远,交通极其不便。在这样的地区,经济发展缓慢,但是人口的增长速度却比较快。为了解决温饱问题,人们不得不选择一种不可持续的、掠夺性的发展模式。这样粗放的开发模式导致了资源的不断枯竭和环境的持续退化,进一步加剧这些地区的贫困。在一定意义上,贫困问题也是生态环境问题的具体体现。在我国,很多经济落后地区往往也是经常发生自然灾害的地区。由于地理位置和自然条件的特殊性,贫困地区往往更易受到旱灾、水灾、地震、泥石流、沙尘暴等自然灾害的侵袭。频繁的自然灾害给这些地区人们的生产生活造成了灾难性后果,使原本贫困的人们雪上加霜,使得已经脱贫的人民瞬间一无所有。

绿色教育有助于促进社会公平正义的实现,进而促进绿色发展。首先,绿色教育资源的合理分配极大促进了地区经济的发展。其次,加大对贫困地区教育资源的投资力度,可以在很大程度上弥补这些地区人才匮乏、资金短缺的不足。同时,要转变贫困地区大多依靠外来人才输送的传统。这是因为人口质量的提高是经济和社会发展的内部推动力,要鼓励和帮助贫困地区培养本土人才,提升造血能力。最后,绿色教育对防灾、减灾技术的研究和应用以及培养贫困地区和容易发生灾害地区人们的灾害意识做出了较大的贡献。简而言之,绿色教育是帮助贫困地区走上可持续发展道路的重要手段。

7.1.3　共享价值取向

作为"五大发展理念"之一,共享发展理念体现了中国共产党全心全意为人民服务的宗旨。当前,我国社会的确存在着许多不公平的现象,如贫富差距过大、各种利益关系链条复杂等。坚持共享发展的目的在于促进社会公平公正,即坚持发展为了人民、发展依靠人民以及发展成果由人民共享。这一发展理念关注的重点在于提高人民在发展中的幸福感与获得感,努力实现共同富裕,这也是全面建成小康社会的必然要求。

　　绿色教育的共享价值在于教育的公平与公正。如果将民主视为教育过程的幸福,那么共享则是教育结果的幸福。但是,结果共享并不意味着教育活动的结束,而是发展过程,强调的重点在于拥有平等的教育机会和优质教育资源的良好状态。这一拥有主体既可以是个人,还可以是学校,甚至也可以是特定的领域。现在,地区间和城乡间的教育水平差距很大。有的地区教育条件十分差,教育资源匮乏,这使得教育教学活动无法实施,人的全面发展无从实现。针对这一现状,我国曾提出相应的举措和目标,如"十三五"规划第五十九章第一节提出的加快基本公共教育均衡发展,建立城乡统一、重在农村的义务教育经费保障机制,加大公共教育投入向中西部和民族边远贫困地区的倾斜力度;"十四五"规划第四十三章第一节提出的推进基本公共教育均等化,巩固义务教育基本均衡成果,完善办学标准,推动义务教育优质均衡发展和城乡一体化等。绿色教育中的共享价值取向意味着促进教育公平和提高教育质量。其中,教育公平也正是保证高质量教育实现的重要因素。总体来说,绿色教育中的共享价值取向可以从以下两个方面来探讨。

　　第一,共享的内容,即指教育资源、教育制度、教育渠道等内容。目前,造成区域和城乡教育差距的主要原因在于资源分布不均匀、教育渠道差异等。教育共享首先要确保包括地区、学校以及个人在内的不同主体能够享有平等的教育发展机会,不断扩大优质教育资源供给,加大教育政策支持和教育渠道建设。在具体方式上,主要有加强区域间和学校间的教育合作,促进教育资源的合理流动和共享;同时,也要充分利用互联网模式搭建教育资源共享平台,努力促进教育公平。需要指出的是,这种公平并不意味着平均主义的实施。它仍然尊重差异,强调多元化的发展。

第二,共享的方式。如果要强调共享,首先就要重视共建,也就是说全社会的成员都要参与这个建设过程。发展成果由每个人共享,当然,每个人也都需要参与到共建的过程之中。教育系统内外的问题和矛盾是复杂的。若想要解决这些问题和矛盾以实现教育体系的健康发展,不仅要依靠学校和政府部门的力量,更需要全社会的共同努力。各主体既是教育成果的享有,又是教育过程的参与者。因此,为了实现健康系统的教育可持续发展,亟须完善政府主导、全民参与的机制建设,不断激发全社会成员参与教育"绿化"行动。

7.2　绿色教育的实践趋势

绿色教育这一名词十分形象,蕴含着丰富的感情色彩,但它并不是一句空洞的口号。绿色发展和生态文明建设要在工业生产、农业生产、城镇化建设等领域以及政治、法规、政策等方面得到实施,首先,要与生态文明理念和可持续发展战略的伦理道德观相吻合,包括爱护自然、尊重自然、顺应自然的生态规律。其次,人们应当关心自己和他人,包括全世界的人,既需要聚焦现在,做出应有的贡献,也要思考未来,造福子孙后代。

按照传统的观念,教育活动的主阵地是学校。那么,绿色教育就要从学前教育开始得到重视。而后,伴随着受教育者年龄的增长和知识的累加,在小学、初中、高中以及大学的各个阶段适时地进行绿色教育。到了大学以后,专业和学科的设置可以说是纷繁复杂,这一阶段的绿色教育内容则要结合其学科和专业的培养目标。例如,很多高校化学方向的专业大多开设了"绿色化学""绿色化工"的课程;能源方向的专业则把"绿色能源"和"绿色煤炭工程"作为教学的新内容;建筑方向的专业则有"绿色建筑""建筑节能"等课程内容,甚至人文社科类的旅游管理专业还有"绿色旅游"等的相关课程与研究方向。学校绿色教育的目标在于培养热爱自然、爱护环境、节约资源、身体力行、德智体美劳兼备的新一代,他们是绿色发展的主力军,是美丽中国和美丽世界的创造者。他们所接受的教育毫无疑问会对中国的未来产生很大的影响。

当然,学校不是开展绿色教育的唯一场所,还必须重视政府、企业等其他实践领域。政府和企业内的继续教育是将从事专门工作、服务社会的各类人员作为教育对象而开展的教育教学活动。比如,各部门、各级领导干部培训班往往设置不同的课程,以提高干部的领导水平。生态文明建设、绿色经济、绿色增长和绿色发展往往是经常开设的课程,实施是绿色教育活动的范例。当然,继续教育可以通过多种多样的方式进行。例如,举办以绿色发展为主题的研讨会是一个好办法。在研讨会上,通过参与者间的相互交流,干部们可以获得良好的经验和深刻的体会。可以说,继续教育的绿色化也是绿色发展的重要保障。

社会领域的绿色教育实践阵地多样。以电视、网络等为代表的各种社会公共媒体,有着十分广泛的受众群体和巨大的影响力。在这些社会公共媒体上,我们需要有专门讨论生态文明、绿色发展和可持续发展等内容的新闻专栏和主题讨论,也需要有在生态文明建设和绿色发展方面的实际范例。通过立体化的展示,将"绿色发展是什么?""我们该做些什么来促进绿色发展?""美丽中国梦如何才能变为现实?"等问题以润物细无声的方式向社会大众传输。

如上所言,在绿色教育中,每个人都是受教育者。同时,每个人也都有机会成为教育者。比如,有的小朋友比父母更加关注节约用水用电。他们会经常提醒父母洗手和擦肥皂时要关掉水龙头,离开房间时一定要关灯。很明显,这些小朋友正在扮演着绿色教育中的教育者角色。每年暑假,清华大学的学生们都会自动组织社会调查组到农村、工厂等一些偏远地区,从普通的老百姓身上汲取正能量,并同时调查社会、环境和生态存在的问题。他们从社会和公众那里学到的东西往往是课堂上的教师所无法教授的。正是由于绿色发展已成为中国乃至世界的必由之路,加强绿色教育更显得尤为重要。

作为现代教育发展的新理念,绿色教育不应该仅仅停留在理念的倡导上,更应该是一种现实的教育活动。当前,我国正处于全面深化改革的关键时期,教育领域的改革也在有序进行。绿色教育理念为教育的改革提供了新思路。同国家整体改革一样,教育改革也是一项综合性的系统工程,其中涉及教育系统内外的各种因素。因此,在教育改革的过程中,既需要加强顶层设计、整体推进,也需要将各种策略落实到实践中。

7.2.1　理念先行——传播绿色教育理念

作为行动的先导,理念毫无疑问指引着行动的方向。摒弃教育的功利性质,使教育真正回归到绿色发展的轨道,需要努力使绿色教育理念成为当前教育改革中的主要价值取向。我国政治和教育领域曾存在"官本位""政教统一"的思想,但现在已经意识到并摆脱了这种意识形态的影响,积极推进教育改革。绿色教育便是针对当前教育改革中存在的具体问题以及目前社会的发展现状而提出的,它明确指出了教育应有的模样和教育的未来发展方向。以绿色教育理念引领当前教育改革与发展,首先就要突破传统教育理念的束缚,解放教育思想,真正实现先进教育理念与落后教育理念的更新换代。要在全社会中形成绿色教育共识,在教育规划、教育环境、教育内容、教育方法以及教育实践等方面进行深入的探索和改革,以达到把绿色教育理念融入教育改革方方面面的目的。

7.2.2　行动导向——实行绿色教育实践

在经过绿色教育理念的传播与普及后,最终还需要将理论与实践相结合,即将绿色教育落实到许许多多的具体教育活动之中。只有这样,才能够真正发挥先进教育理念对实践的价值引领作用,在具体的教育活动中推进教育理念的不断发展和完善。绿色教育的实施需要具体的绿色教育实践来支撑。具体而言,整个绿色教育行动体系包括绿色管理、绿色教学、绿色德育和绿色评价等实践内容。绿色管理是基于教育管理的,摒弃追求高效率的目标管理,而是更加注重管理的人性化和民主化,以便将管理落实到有利于人的全面发展层面上。绿色教学是指充分尊重教育教学的规律以及受教育者的身心发展规律,改变传统线性化、模式化的教学方法,广泛开展实践性教学、情景式教学以及开放式教学。绿色德育是摒弃传统教育模式中只关注知识教育的倾向,在传授知识的同时更为注重受教育者思想道德和情感的发展,帮助其树立正确的世界观、人生观和价值观。绿色评价指的是对于家长、学校管理者、教育者、受教育者而言,要摒弃原有的唯分数、唯升学率的业绩评价方式,而是将关注点落实到真正有利于人的全面发展上来。上述绿色教育行为的实施将有效保证绿色教育理念的落地,进而促进整个社会的健康发展。

7.2.3　人才支撑——培养绿色教育人才

　　人力资源是指在一定范围内的人所具有的劳动能力的总和,或者说,是指能够推动整个经济和社会发展的、具有智力劳动和体力劳动能力的人的总和。人才是科技的载体,是科技的发明创造者,是先进科技的运用者和传播者。在现代企业和经济发展中,人才是一种无法估量的资本,一种能给企业带来巨大效益的资本。人才作为资源进行开发是经济发展的必然结果。作为教育活动的主要实施者,教师的素质水平对教育质量有着至关重要的影响。在绿色教育理念的传播与绿色教育实践的推行中,教师队伍在其中扮演着重要角色。可以说,教师队伍的素质水平不仅与学生和教育的未来息息相关,甚至也关系到国家和整个民族的未来。因此,我们必须重视教师队伍的建设,并将其打造成一支专业素质强、职业素养高、思想水平高的绿色教师队伍。首先,从国家政策的角度出发,要不断提高教师特别是中小学教师以及偏远地区教师的薪资待遇水平,为他们安心进行教育活动提供坚实的经济基础。与此同时,各地区的学校要根据自身情况,不断完善教师专业技能和职业素养培训体系,保证教师在正常的教学活动之外可以得到培训和发展的机会。其次,对于教师自身而言,不仅要加强自身学习,要提高自己的专业能力,还要时刻关注自己的言行举止,为学生树立优秀的榜样,更要对教育事业充满热爱与热忱,做到关心、爱护以及尊重学生,真正体现出教育的人文关怀。当教师队伍的质量得到有效提升,绿色教育的平稳发展也便有了更加扎实的基础。

7.2.4　制度保障——完善绿色教育机制

作为社会的子系统之一,教育难免会受到很多社会性因素的影响。因此,为切实保障绿色教育的实施,亟须对绿色教育的保障机制进行完善,以期为绿色教育的蓬勃发展创造一个稳定的、有保障的社会环境。绿色教育制度保障机制的完善至少需要从以下两个方面来考虑。第一,法制保障。通过相关法律法规的完善,将绿色教育落到实处。不仅如此,完善的法律法规还可以为绿色教育的实践活动提供法律保障,保障全面依法治教的推进。第二,制度保障。为实施绿色教育提供政策支持和资金保障,相关政策的出台服务教育的健康可持续发展。相关的政策必须建立在尊重教育规律的基础上并有利于满足广大人民的基本需求,以确保教育的公平公正得以实现。

参考文献

[1] 李曼丽, 乔伟峰. "同步异地"课堂教学模式新探: 以清华克隆班为例[J]. 中国大学教学, 2020(10): 79-83.

[2] 唐炳琼. 绿色教育理论与实践[M]. 重庆: 重庆大学出版社, 2010.

[3] Stapped W B, et al. The Concept of Environmental Education[J]. Journal of environmental education, 1969, 1(1): 30-31.

[4] Sonowal C J. Environmental Education in Schools: The Indian Scenario[J]. Journal of Human Ecology, 2009, 28(1): 15-36.

[5] Hungerford H, Peyton R B, Wilke R J. Goals for Curriculum Development in Environmental Education[J]. Journal of Environmental Education, 1978, 11(3): 42-47.

[6] Bogan, Walter J. Environmental Education Redefined[J]. Journal of Environmental Education, 1973, 4(4): 1-3.

[7] Stapp W B. The Concept of Environmental Education[J]. American Biology Teacher, 1970, 32(1): 14-15.

[8] Tilbury. Environment education for sustainability: Defining the new focus of environmental education in the 1990s[M]. Environmental Education Research, 1995, 1(2): 195-212

[9] Meiboudi H, Lahijanian A, Shobeiri S M, et al. Development of a new rating system for existing green schools in Iran[J]. Journal of

Cleaner Production, 2018, 188(JUL. 1)：136-143.

［10］钱海荣. 营造高中作文教学的绿色生态［J］. 现代语文：教学研究版，2009(10)：144-146.

［11］滕海键. 美国环境政治史研究的兴起和发展［J］. 史学理论研究，2011(3)：122-131＋160.

［12］丹尼尔·A. 科尔曼. 生态政治——建设一个绿色社会［M］. 梅俊杰，译. 上海：上海译文出版社，2006：90-200.

［13］Simpson A. The Greening of Global Investmen — How the Environment, Ethics and Politics are Reshaping Strategies [M]. The Economist Publications, London, 1991.

［14］Shrivastava P, Scott, H I. Corporate Self-Greenewal：Strategic Responses to Environmentalism [J]. Business Strategy and the Environment, 1992.

［15］Welford R J. Cases in Environmental Management and Business Strategy [M]. Rtman Publishing, London, 1994.

［16］Horbach J. , Determinants of environmental innovation-new evidence from German panel data sources[J]. Research policy, 2018, 37(1)：163-173.

［17］Foster C. , Green K. , Greening the Innovation Process[J]. Business Strategy and the Environment, 2018, 9(5)：287-303.

［18］Roberts J A. Green Consumers in the 1990s：Profile and Implications for Advertising[J]. Journal of Business Research, 1996, 36(3)：217-231.

［19］Bamberg S, Moser G. Twenty years after Hines, Hungerford, and Tomera：A new meta-analysis of psycho-social determinants of pro-environmental behaviour[J]. Journal of Environmental Psychology, 2007, 27(1)：14-25.

［20］欧阳志远. 前景广阔的"绿色教育"[J]. 科技导报，1994(2)：42-44.

[21] 祝怀新，潘慧萍. 德国环境教育政策与实践探析[J]. 全球教育展望，2003，32(6)：17-21.

[22] 田青，云雅如，殷培红. 中国环境教育研究的历史与未来趋势分析[J]. 中国人口·资源与环境，2007(1)：130-134.

[23] 崔凤，唐国建. 中国大陆的环境教育及其研究[J]. 中国海洋大学学报：社会科学版，2004(4)：90-93.

[24] 崔建霞. 我国环境教育研究的宏观透视[J]. 北京理工大学学报：社会科学版，2009，11(1)：91-93＋102.

[25] 谢殿铎. 坚定信心大力转型建设创新型城市[N]. 运城日报，2020-11-25(007).

[26] 单新涛，唐炳琼. 教育如何关怀人的生命？——基于"绿色教育"的思考[J]. 当代教育科学，2011(19)：13-15.

[27] 余清臣. 绿色教育在中国：思想与行动[J]. 教育学报，2011(6)：73-76.

[28] 杨叔子. 绿色教育：科学教育与人文教育的交融[J]. 基础教育，2004(1)：60-64.

[29] 丁钢. 回归与创新之间——与杨叔子先生商榷"绿色教育"[J]. 镇江高专学报，2004(7)：16-21.

[30] 王大中. 清华大学建设"绿色大学"研讨会主题报告节录——创建"绿色大学"示范工程，为我国环境保护事业和实施可持续发展战略做出更大的贡献[J]. 环境教育，1998(3)：3-5.

[31] 孔德新. 高等师范院校绿色教育及课程建设研究与实践[J]. 全球教育展望，2011，40(4)：61-64.

[32] 叶向红. 绿色教育"三尊重"理论探析[J]. 中国教育学刊，2015(4)：32-37.

[33] 丁道勇. 作为一种教育隐喻的"绿色教育"[J]. 北京师范大学学报，2011(5)：136-141.

[34] 胡宝清，严志强，等. 区域生态经济学理论、方法与实践[M]. 北京：

中国环境科学出版社，2005.

[35] 唐建荣. 生态经济学[M]. 北京：化学工业出版社，2005.

[36] 沈根荣. 营销管理新方式——绿色营销管理[J]. 国际商务研究，1996，4：44-49.

[37] 楚光. 绿色企业文化培育探析[J]. 商业研究，2004，9：167-168.

[38] 林汉川，王莉，王分棉. 环境绩效、企业责任与产品价值再造[J]. 管理世界，2007，5：155-157.

[39] 王晓慧，金起文. 低碳经济视域下绿色企业文化的构建[J]. 中国商贸，2010，20：86-87.

[40] 司林胜. 对我国消费者绿色消费观念和行为的实证研究[J]. 消费经济，2006，18(5)：39-42.

[41] 孙岩，武春友. 环境行为理论研究评述[J]. 科研管理，2007，28(3)：108-113.

[42] 陈文沛. 生活方式、消费者创新性与新产品购买行为的关系[J]. 经济管理，2011(2)：94-101.

[43] L. A. Cermin. Public Education[M]. New York：Basic Books，1976.

[44] 崔振凤. 关于教育圈良性循环的研究[J]. 科学学与科学技术管理，1987(3)：7-8.

[45] 吴鼎福，诸文蔚. 教育生态学[M]. 南京：江苏教育出版社，2000.

[46] 牟冬生. 舆论监督生态论[J]. 吉首大学学报：社会科学版，2009，30(2)：127-131.

[47] 林恩·马古利斯. 共物共生的行星：进化的新景观[M]. 易凡，译. 上海：上海科学技术出版社，1999.

[48] 于文秀. 生态后现代主义：一种崭新的生态世界观[J]. 学术月刊，2007(6)：16-24.

[49] 李敬巍，时真妹. 从解构到重构——生态后现代主义批评的双重维度[J]. 外语与外语教学，2011(1)：92-95.

［50］郑湘萍，田启波. 生态学马克思主义与生态女性主义比较研究［J］. 深圳大学学报，2014(3)：71-77.

［51］姚怡然. 秘书学之"国际事务"内涵初探［J］. 秘书，2020(2)：75-82.

［52］赵万忠. 民法典视域下哲学客体、法学客体与人格权客体辨析［J］. 南宁师范大学学报：哲学社会科学版，2020，41(2)：128-133.

［53］尤鑫. 后现代主义思潮下生态哲学观思考［J］. 内蒙古农业大学学报：社会科学版，2011，13(1)：213-215＋218.

［54］张霞，张连国. 西方社会关于生态文明的重叠共识［J］. 山东理工大学学报：社会科学版，2004(6)：12-16.

［55］蒋国保. 论有机马克思主义生态价值观［J］. 哈尔滨市委党校学报，2017(4)：1-6.

［56］王治河. 斯普瑞特奈克和她的生态后现代主义［J］. 国外社会科学，1997(6)：50-56.

［57］闫守轩. 论教学的生命关怀［J］. 教育科学，2010，26(2)：55-59.

［58］邹进. 现代德国文化教育学［M］. 太原：山西教育出版社，1992：73.

［59］刘铁芳. 追寻生命的整全：个体成人的教育哲学阐释［M］. 北京：高等教育出版社，2017：473.

［60］岳增学，秦其玉，王关贞. 营造绿色语文教育生态［J］. 山东教育科研，2002(12)：16-17＋19.

［61］张煦春. 试论科学素养、技术素养和人文素养的相干性和协同性［J］. 汉江师范学院学报，2018，38(3)：99-103.

［62］张云飞. 不懈探索人与自然和谐共生的科学路径［N］. 鄂尔多斯日报，2020-11-30(003).

［63］中央党校哲学教研部. 五大发展理念——创新　协调　绿色　开放　共享［M］. 北京：中共中央党校出版社，2016：37.

［64］于馨然. 企业绿色管理正当时［J］. 区域治理，2019(26)：77-81.

［65］United Nations Environmental Programme, RESOURCES, Knowledge Repository. Declaration of the United Nations Conference on the Human Environment［OL］.

［66］ 邓嘉咏. 香港环境污染管制立法发展: 理论定位、模式选择与内容变迁［J］. 社会科学动态, 2020(12).

［67］ UNESCO, Tbilisi Declaration. 1977, Paris: UNESCO.

［68］ Hungerford, H., R. Peyton, and R. Wilke, Goals for curriculum development in environmental education［J］. Journal of Environmental Education, 1980, 11(3): 42-47.

［69］ 钱丽霞. 环境、人口与可持续发展项目的进程与展望［J］. 北京教育: 普教版, 2004(Z1): 40-42.

［70］ 杜亮. 国外绿色教育简述: 思想与实践［J］. 教育学报, 2011, 7(6): 66-72.

［71］ 崔志宽, 李建龙, 李卉, 李天. 建设绿色大学的必要性、存在的问题及其策略分析［J］. 绿色科技, 2013(1): 319-322.

［72］ 华淑华. 国外环境教育的实施［J］. 中国教育导刊, 2007(8): 9-11.

［73］ 李清. 可持续发展教育在中国的实践——记"中国中小学绿色教育行动"(EEI)［J］. 环境教育, 2004(1).

［74］ 叶澜. 让课堂焕发出生命活力［J］. 教育研究, 1997(9).

［75］ 唐炳琼. 绿色教育理论与实践［M］. 重庆: 重庆大学出版社, 2010: 34.

［76］ 王静. 绿色教育的思索［J］. 西安外国语学院学报, 2003(3): 90-91.

［77］ 盛双庆, 周景. 绿色北京视野下的绿色校园建设探讨［J］. 北京林业大学学报: 社会科学版, 2011(3): 98-101.

［78］ 王雪梅. "绿色"发展理念与大学生思想政治教育述评［J］. 新西部: 理论版, 2016(16): 140-142.

［79］ 中共中央国务院印发新时代公民道德建设实施纲要［N］. 人民日报, 2019.

［80］ 蓝文艺. 环境行政责任缺失纵深分析——为建立环境行政执法责任制所进行的环境行政责任缺失调研报告［J］. 环境科学与管理,

2007(4)：20-24.

[81] 赖婵丹. 绿色发展的教育支撑[J]. 四川行政学院学报，2018(3)：71-80.

[82] 袁东. 美国教育体系中的环境教育[J]. 深圳学校学报：人文社会科学版，2014，31(4)：26-30.

[83] 梁立军，刘超. 试论"绿色学校"建设的理念与实践——以清华学校为中心的考察[J]. 清华学校教育研究，2015，36(5)：83-87.

[84] 陈兴明，牛凤蕊. 基于绩效机制的高校二级学院办学效益评价研究[J]. 西南交通大学学报：社会科学版，2016(6)：87-91.

[85] 刘振天. 教育评价破"五唯"重在立"四新"[J]. 国家教育行政学院学报，2020(11)：13-15.

[86] 毕乐武. 携手科学人文打造绿色教育——信阳高中绿色教育探索与实践[J]. 中国教育学刊，2015(S1)：320-321.

[87] 《中华人民共和国环境保护法》[R]. 北京：中国法制出版社，2014：3-4.

[88] 保罗. A. 萨缪尔森，威廉. D. 诺德豪斯. 经济学[M]. 北京：中国发展出版社，1992.

[89] 吴宏洛. 中国特色慈善事业的历史演进与发展路径[J]. 东南学术. 2016，01：76-79.

[90] 韩雪. 上海与周边及海外特大城市垃圾分类管理比较[J]. 经济研究导刊，2020(27)：95-98.

[91] 周洪宇，黄立明. 2016 中国教育改革发展热点前瞻[N]. 吉林教育：综合，2016(20)：75-77.

[92] 左素萍，周仲伟. 基于绿色教育理念的高校"双困生"就业服务体系构建研究[J]. 湖北开放职业学院学报，2019(4)：21-23.

[93] 赵雁丽. 环境教育在我国英语教学中的应用研究——以美国环境文学教学为例[J]. 安徽农业大学学报：社会科学版，2020(4)：128-134.

[94] 谭菲,杨柳.韩国2009年中小学课程改革述评[J].比较教育研究,2011(5):15-19.

[95] 陈思蒙.公共治理理论对高等教育管理改革的推动[J].江苏高教,2017(7):33-35.

[96] 郑会娟,王向东.公共治理视域下高等教育管理改革路径探析[J].中国成人教育,2016(3):41-43.

[97] 孙玉玲,胡智慧,秦阿宁,等.全球氢能产业发展战略与技术布局分析[J].世界科技研究与发展,2020(4):455-465.

[98] 田丹宇,郑文茹.国外应对气候变化的立法进展与启示[J].气候变化研究进展,2020(4):526-534.

[99] 王亚华,胡鞍钢.中国水利发展的战略构想和目标设计(2011—2050年)[J].国情报告,2011(14):273-287.

[100] 路长明,陈成.中美社区教育管理体制比较研究——基于"结构-功能主义"的理论分析框架[J].成人教育,2020(12):86-93.

[101] 吴岩.高等教育公共治理与"五位一体"评估制度创新[J].中国高教研究,2014(12):14-18.

[102] 罗豪才,宋功德.公域之治的转型——对公共治理与公法互动关系的一种透视[J].中国法学,2005(5):3-23.

[103] 姜峰,郭燕锋,杨玉浩,郭燕纯.破解学生评教困境的理性选择——构建学校、教师与学生"利益共享"评教机制[J].当代教育论坛,2018(6):66-73.

[104] 王正青.义务教育均衡发展的公共治理框架与体制机制设计[J].现代教育管理,2017(4):29-34.

[105] 彭波,邹蓉,贺晓珍.论教育精准扶贫的现实隐忧及其消解之径[J].当代教育论坛,2018(6):25-30.

[106] 叶相成.绿色企业可享六项惠政[N].十堰日报,2013-11-28(001).

[107] 胡延华.绿色营销与中国企业的绿色化[J].中共中央党校学报,2001(1):29-33.

[108] 栗明. 社区环境治理多元主体的利益共容与权力架构[J]. 理论与改革, 2017(3)：114-121.

[109] 阳盼盼. 企业社会责任履行：理论逻辑、实践要义与推进路径[J]. 财会月刊, 2020(22)：135-143.

[110] Cai L, Cui J, Jo H. Corporate Environmental Responsibility and Firm Risk[J]. Journal of Business Ethics, 2016, 139(3)：563-594.

[111] 乔永峰, 马京生. 绿色企业的评价指标体系及评价方法研究[J]. 经济论坛, 2011(2)：188-194.

[112] 李冰. 略论绿色企业文化[J]. 商业研究, 2009(1)：99-102.

[113] 文晓梅. 关于推进宁夏产业绿色化发展的几点思考[J]. 宁夏师范学院学报, 2020, 41(9)：86-89.

[114] 余雄, 王祥. 市场营销学[M]. 昆明：云南大学出版社, 2018.

[115] 吴凯. 生态社会主义对我国企业道德建设的启示[J]. 克拉玛依学刊, 2013, 3(1)：12-15.

[116] 谭新政, 褚俊. 企业品牌评价与企业文化建设研究报告[J]. 商品与质量, 2012(28)：7-30.

[117] 钱津. 论现时代企业文化管理变革及发展趋势[J]. 经济与管理评论, 2020, 36(6)：48-63.

[118] 李顺祥. 论绿色企业文化的内涵及构建策略[J]. 山东社会科学, 2012(6)：124-126.

[119] 杨发庭. 绿色发展的哲学意蕴与时代价值[J]. 理论与改革, 2016(5)：151-154.

[120] 刘光明. 企业文化[M]. 北京：经济管理出版社, 2006.

[121] 利奥波德舒新. 沙乡年鉴[M]. 北京：北京理工大学出版社, 2015.

[122] 程李李, 王军, 杨绍陇. 略论利奥波德的生态整体主义思想[J]. 价值工程, 2011, 30(4)：324-325.

[123] 张淋淋. 绿色经济视域下企业经营绩效评价研究——以江铃汽车

为例[J]. 会计师, 2019(19): 3-4.

[124] 赵亚平, 孙筠婷. 零售绿色经营的界定及其实践[J]. 商业研究, 2009(12): 18-20.

[125] 庄莉. 中国林业企业可持续发展问题研究[D]. 东北农业大学, 2013.

[126] 舒爱军, 胡淦波. 绿色思考, 与未来同行[M]. 北京: 中国财富出版社, 2014.

[127] 巩前文, 严耕. "绿色生产"指数构建与测度: 2008～2014年[J]. 改革, 2015(6): 73-80.

[128] 杜诚, 吴光辉, 陈梅芹, 涂宁宇, 谢彩梅, 陈红瑜. 绿色化学理念下石油化工园区清洁生产评价指标体系研究[J]. 广东石油化工学院学报, 2019, 29(6): 30-33.

[129] 范永太. 企业绿色财务管理研究[J]. 财会通讯: 理财版, 2008(10): 57-59.

[130] 韩连贵, 李振宇, 韩丹, 吴庆岚, 杨微, 易继平, 王恒, 张照利, 鲁川. 关于探讨农业产业化经营安全保障体系建设方略规程的思路[J]. 经济研究参考, 2013(3): 3-68.

[131] 刘晓凤. 关于企业实施绿色财务管理的探讨[J]. 智富时代, 2018(12): 75.

[132] 郭宇锋. 三位一体解读绿色营销[J]. 现代营销: 信息版, 2019(1): 184.

[133] Papadas K K, Avlonitis G J, Carrigan M. Green marketing orientation: Conceptualization, scale development and validation[J]. Journal of Business Research, 2017: 236-246.

[134] 张孟豪, 龙如银. 新形势下企业绿色生产管理的研究与探索[J]. 河南社会科学, 2016, 24(4): 47-54.

[135] 张子瑛. 基于绿色生产理念的电厂工业废水处理系统优化改造[J]. 当代化工研究, 2020(20): 111-112.

[136] 张思雪，林汉川，邢小强. 绿色管理行动：概念、方式和评估方法 [J]. 科学学与科学技术管理，2015，36(5)：3-12.

[137] 袁倩. 绿色发展的理念与实践及其世界意义[J]. 国外理论动态，2017(11)：23-24.

[138] 胡鞍钢. 绿色发展：功能界定、机制分析与发展战略[J]. 中国人口·资源与环境，2014，24(01)：16-22.

[139] 周晶淼，赵宇哲，武春友，肖贵蓉. 绿色增长下的导向性技术创新选择研究[J]. 管理科学学报，2018，21(10)：61-73.

[140] 范思贤，李兰. 绿色经济与绿色发展的关系解析[J]. 商业经济，2016(4)：108-109.

[141] Wen-Hsien T，Hsiu-Li L，Chih-Hao Y，et al. Input-Output Analysis for Sustainability by Using DEA Method：A Comparison Study between European and Asian Countries[J]. Sustainability，2016，8(12)：1230.

[142] Fennell D. Tourism Ethics [M]. Clevedon·Buffalo·Toronto：Channel View Publication，2006：57.

[143] 龙静云，吴涛. 企业绿色革命迫在眉睫？[J]. 江汉论坛，2018(6)：73-78.

[144] 谢彦君. 基础旅游学[M]. 北京：商务印书馆. 2015：41-45.

[145] STANFORD，DAVINA. Exceptional Visitors：Dimensions of Tourist Responsibility in the Context of New Zealand[J]. Journal of Sustainable Tourism，2008，16(3)：258-275.

[146] 邓勇勇. 旅游本质的探讨——回顾、共识与展望[J]. 旅游学刊，2019，34(4)：132-142.

[147] 王姗姗. 企业绿色营销策略存在的问题及对策研究[J]. 现代营销（下旬刊），2019(05)：73.

[148] Peattie K. Green consumption：behavior and norms[J]. Annual Review of Environment and Resources，2010，35(1).

[149] 王静蕾，邓明莹，陈怡帆，等.新经济常态下绿色消费与发展分析 [J].商场现代化，2019(20).

[150] 文启湘，文晖.加快发展绿色消费——再论推进消费转型升级[J]. 消费经济，2017(1).

[151] 张晓文，宋丽惠.生命教育的价值属性[J].中国德育，2019(11).

[152] 王永林，王战军.高等职业教育评估的价值取向研究——基于评 估方案的文本分析[J].教育研究，2014，35(2)：104-111.

[153] 张俊洪，陈铿，杨文萍.论高等教育目的社会本位论与个人本位论 的辩证关系[J].宁波大学学报：教育科学版，2013，35(5)：29- 32.

[154] 张立新.区域绿色教育体系构建的价值追求与实践探索[J].上海 教育科研，2020(4)：92-96.

[155] 黄裕生.理性的"理论活动"高于"实践活动"——论亚里士多德伦 理学的"幸福观"[J].云南大学学报：社会科学版，2017，16(5)： 5-20.

[156] 胡文龙，雷庆.幸福观视角下的高等教育质量观价值取向[J].现 代大学教育，2010(3).

[157] 李向阳，张莲.个性化教育促进校内教育公平的策略[J].广东农 工商职业技术学院学报，2013，29(1)：14-18.

[158] 雷建峰.人力资源推动经济发展的分析[J].财经界：学术版，2019 (17)：164-165.

[159] 褚宏启.中国教育发展方式的转变：路径选择与内生发展[J].华 东师范大学学报：教育科学版，2018，36(1)：1-14＋159.

[160] 李新兵.关于我国绿色教育思想研究[D].天津大学，2017.

[161] 李孟阳.新经济对财务会计的影响与启示[J].经济师，2021(10)： 109-110.